±1100kV GUQUAN HUANLIUZHAN SHOUCI NIANDU JIANXIU
GUANLI YU SHIJIAN

±1100kV
古泉换流站首次年度检修
管理与实践

国网安徽省电力有限公司超高压分公司　组编

中国电力出版社
CHINA ELECTRIC POWER PRESS

内 容 提 要

古泉换流站是我国自主研发、设计、建设和运维的特高压换流站，是目前世界上唯一一座同时集成最高直流电压等级、最高交流电压等级、最大容量双水内冷调相机的特高压换流站。为确保其高质量、高标准安全稳定运行，每年对换流站设备开展年度检修。国网安徽省电力有限公司超高压分公司组织编写了本书，旨在深入学习研究特高压换流站设备技术原理、运检维护及运行规定等相关内容。本书在此基础上总结攻克特高压换流站检修安全管控难度最大、检修质量要求最高、规模空前的设备检修现场技术和管理难题的经验，主要包括首次年度检修安全管理、运维管理、检修管理、数字化建设等内容，可为后续换流站设备运检提供支撑和管理经验。

本书可提供电力系统及换流站的运检人员、技术管理人员参考使用，也可作为高等院校有关专业的本科生和研究生的参考书，对特高压换流站设备检修技术和管理提升具有重要的应用价值。

图书在版编目（CIP）数据

±1100kV 古泉换流站首次年度检修管理与实践／国网安徽省电力有限公司超高压分公司组编 .—北京：中国电力出版社，2022.12

ISBN 978-7-5198-6929-8

Ⅰ . ①1… Ⅱ . ①国… Ⅲ . ①换流站 - 管理 - 安徽 Ⅳ . ① TM63

中国版本图书馆 CIP 数据核字（2022）第 134683 号

出版发行：中国电力出版社

地　　址：北京市东城区北京站西街 19 号（邮政编码 100005）

网　　址：http://www.cepp.sgcc.com.cn

责任编辑：杨　扬（010-63412524）　孟花林

责任校对：黄　蓓　于　维

装帧设计：郝晓燕　张俊霞

责任印制：杨晓东

印　　刷：三河市航远印刷有限公司

版　　次：2022 年 12 月第一版

印　　次：2022 年 12 月北京第一次印刷

开　　本：787 毫米 ×1092 毫米　16 开本

印　　张：15.25

字　　数：301 千字

定　　价：98.00 元

编　委　会

主　任　吴　迪

副主任　施有安　刘　锋　李卫国　石永建　葛　健
　　　　刘维民　李　冀　汤　伟　杜　鹏　王　旗
　　　　董翔宇

编　写　组

主　编　李卫国　翁良杰　黄　刚

副主编　廖　军　蒋欣峰　吴士云　宋麒慧

编写人员　罗　沙　谢　佳　韩　玉　景　瑶　张学友
　　　　　朱仲贤　陶梦江　刘志林　孟　梦　李　奇
　　　　　李　腾　张　宁　张　军　张俊杰　胡义涛
　　　　　张东欣　申　凯　王春阳　桂学祥　贺成成
　　　　　董浩声　张啸宇　李　旺　祝浩焱　田　杰
　　　　　杜　昊　郭兴旺　周　正　刘少星　孙　旭
　　　　　赵　航

审稿人员　樊培培　刘之奎　朱　涛　徐斓瑛

序

近年来，国家能源局印发的能源工作指导意见提到，要加大力度规划建设以大型风光基地为基础、以其周边清洁高效先进节能的煤电为支撑、以稳定安全可靠的特高压输变电线路为载体的新能源供给消纳体系。目前，国家电网有限公司已成功建设投运 29 项特高压工程，建成了全球电压等级最高、装机规模最大、资源配置能力最强的特大型电网，促进"西电东送、北电南供"的蓬勃发展。2018 年，随着特高压换流站属地化部署，±1100kV 古泉换流站正式归属国网安徽省电力有限公司（以下简称"国网安徽公司"）管辖，国网安徽公司进入特高压交直流混联电网时代。

作为华东电力枢纽，国网安徽公司深刻认识到长三角区域在国家经济社会发展中的地位和作用，坚持系统视野和战略导向，注重引入国际先进质量管理经验，应用质量管理工具方法推动管理变革与创新，构建基于电网业务的卓越绩效模式。本书是卓越绩效管理的理念和方法引入换流站运维检修全过程的一次典型应用总结，可推进换流站安全、质量、效率、效益等核心指标持续提升。

±1100kV 古泉换流站首次年度检修在没有同电压等级换流站经验可学、没有先例可循的困难条件下，开创了世界最高电压等级换流站检修的先河。本书对此次年度检修进行了全面的复盘总结、经验沉淀，此次检修是特高压交直流混联电网综合检修能力的一次重大突破，为电力行业开展换流站精益检修及变电站大型综合检修奠定了良好的基础，为中国乃至世界的超/特高压大型检修管理积累了"皖电经验"、提供"皖电样板"。

舵稳当奋楫，风劲好扬帆。±1100kV 古泉换流站首次年度检修的卓越绩效模式实践，已成功在超/特高压换流（变电）站的大型检修中导入。国网安徽公司坚持以习近平新时代中国特色社会主义思想为指导，坚定不移推动高质量发展，全力保障电力供应，奋力实施"一体三化"能源服务，在构建新型电力系统、落实"一体四翼"发展布局中开新局、出新绩，在建设具有中国特色国际领先的能源互联网企业、服务安徽经济社会高质量发展上再立新功、再创佳绩！

前　言

　　±1100kV古泉换流站（以下简称"古泉换流站"）是昌吉—古泉特高压直流输电工程受端换流站，是国家电网有限公司贯彻落实习近平总书记提出的"四个革命、一个合作"能源安全新战略、落实中央新疆工作座谈会精神和"一带一路"建设的重要举措，是国家"西电东送"战略工程的重要组成部分。

　　古泉换流站于2019年9月26日正式投运，投运后首次年度检修（以下简称"首检"）从第一阶段9月10日起拉开序幕，提前开展换流变压器区域自动巡检改造2项技术改造工作。第二阶段于9月29日启动，开展调相机年度检修、古亭5308线路间隔例行检修、泡沫炮新增泵房3项技术改造项目。第三阶段于10月12日启动，开展年度集中检修，继续开展调相机系统检修。第四阶段于10月27日启动，开展500kV母线、古繁5731线例行检修，继续开展调相机系统检修，继续开展加装谐波监测装置2项技术改造等工作。

　　古泉换流站攻克技术和管理难题，发扬古泉精神，在奋战78天、跨昼夜工作25次后，顺利完成主设备首次集中综合检修、调相机首次A类检修等，成功扛起国网安徽公司首座换流站的首检重任。其中主设备年度检修，压缩两天工期提升直流可用率，并且实现了对67个作业面、40辆大型机具、38家单位共计980余人的安全管控和防疫管控，还集中开展了3个特高压GIS气室检查、10根换流变压器连管换型、24台换流变压器远程智能巡检部署、211支光CT深度维护、2098支TCU升级改造，完成了5000多台设备例行检修。

　　在首检现场，古泉换流站坚持"早、全、细、实"原则，多专业协同，网格化管理，全面梳理工作任务，研究检修策略，策划管控方案，精心组织每一个现场，精确管控每一名人员，精细完成每一道工序，精准消除每一条缺陷。古泉换流站首检作为国网安徽公司有史以来安全管控难度最大、检修质量要求最高、规模空前的检修现场，现场多项检修工作是首次开展。对此，从年初开始，古泉换流站积极备战首检大考，组织编制方案、组建业主项目部，围绕首检开展的计划、检修、运维、安全、防疫、后勤、宣传等工作分 10 个模块细化到 55 个具体工作任务，逐条明确责任、逐项分解到人，围绕四个"不发生"、三个"百分之百"、两个"提升"的年度检修目标，集中全站力量开展首检建功。

2021 年 3 月 21 日～4 月 1 日，古泉换流站利用双极低端设备轮停机会，积极总结应用 2020 年首检工作经验及系统内其他单位精益化检修经验，开展精益检修试点。通过统筹基建生产停电需求与检修计划安排、推行"不停检修、轮停检修、陪停检修"、优化影响检修工期的关键检修检测项目和强化检修组织管理等措施，有效缩短年度检修工期，并经受住了实际运行的考验，提高了直流工程的能量可用率。

国网安徽电力有限公司超高压分公司一直以来，坚持"忠诚、实干、创新、争先"的文化理念，奋勇拼搏，科学实施，组织古泉换流站啃下了"电力珠峰"首检的硬骨头、完成首次精益化检修试点任务。未来已来，古泉换流站将马不停蹄复盘总结、凝练首检、精益化检修经验，瞄准"接收好、运维好、当标杆"，为服务好疆电外送、缓解华东地区能源供需矛盾、实现"双碳"目标下的可持续发展、建设美好安徽做出贡献。

编　者

目　录

1 设备检修概况

2020 年金秋时节，古泉换流站正式商业运行一周年，同时也迎来了首次年度检修。从 2018 年 12 月 29 日古泉换流站正式移交国网安徽电力有限公司检修分公司（2021 年 11 月更名为国网安徽省电力有限公司超高压分公司，以下简称"超高压公司"）运维，到 2019 年的基建调试、消防提升，再到 2020 年初的全站人员封闭防控新冠肺炎疫情、分接开关改造，古泉换流站全体员工始终牢记使命，用心守护大国重器，践行"接收好、运维好、当标杆"的要求。

古泉换流站首检"大考"，是对古泉换流站运维管理能力的一次综合检验，该次主设备检修历时 13 天，调相机检修历时 60 天。在公司坚强领导下，古泉换流站全体员工以"更高的标准、更严的要求、更实的措施、更细的管理、更新的技术"（以下简称"五个更"）为目标，精心组织 30 余家参检单位、900 余名专业人员全力开展该次大型年度检修工作，管控现场 40 余台/套大型机具，对全站 16 大类、5000 余台/套设备进行系统性维护，开展 6 项技术改造、10 项特殊性检修、29 项隐患治理、26 项软件升级、100 余项消缺工作。

2021 年 3～4 月，古泉换流站全体员工深入学习贯彻习近平生态文明思想，认真践行"四个革命、一个合作"能源安全新战略，以"五个更"为目标，积极总结首检管理实践，在 2021 年上半年着力实施国家电网有限公司（以下简称"国网公司"）"直流设备精益化检修"试点任务，充分运用首检工作组织形式，用心打造精益化检修示范窗口，为实现碳达峰碳中和贡献古泉力量。

1.1 首次年度检修

1.1.1 年度检修内容及特点

1. 年度检修内容

首次年度检修共开展 16 大类设备检修，包括双极直流场设备、换流变压器、阀厅、接地极、1000kV 气体绝缘封闭组合电器（GIS）、500kV GIS、1000kV 交流滤波器、

500kV 交流滤波器、直流控制保护系统、换流阀及阀控系统、阀水冷系统、调相机等换流站核心设备，以及消防、工业电视、工业生活水及排污系统、全站一体化在线监测系统等辅助设备。重点开展数字化换流站建设，晶闸管（触发）控制单元（TCU）隐患治理，1000kV GIS 局部放电异常隐患治理，MR 分接开关连管更换，增加选相合闸装置，泡沫炮系统新增水泵房，±1100kV 直流穿墙套管检查等工作。

（1）第一阶段（9 月 10 日）。包括施工单位 3 家、施工人员 40 余人，仪器仪表 10 余台/套。提前实施消防、空调、备品备件试验等不停电检修工作，开展换流变压器区域自动巡检改造 2 项技术改造工作。

（2）第二阶段（9 月 29 日）。包括施工单位 5 家、施工人员 80 余人，吊车 2 辆、仪器仪表 30 余台/套。启动调相机年度检修，开展调相机区域 13 项例行检修、2 项特殊性检修、15 项隐患治理，33 项消缺工作；开展古亭 5308 线路间隔例行检修；启动泡沫炮新增泵房 3 项技术改造项目。

（3）第三阶段（10 月 12 日）。包括施工单位 30 余家、施工人员 900 余人，吊车及斗臂车 40 余辆、阀厅作业车 4 辆、仪器仪表 300 余台/套。开展直流区域、换流变压器设备区、1000kV 设备区、500kV 交流滤波器、接地极年度检修，包括 86 项例行检修、8 项特殊性检修、14 项隐患治理、100 余项消缺、6 项技术改造；开展古昌 5732 线、古峨 5733 线、31B 站用变压器例行检修。继续开展调相机系统检修。

（4）第四阶段（10 月 27 日）。包括施工单位 5 家、施工人员 90 余人，吊车 2 辆、仪器仪表 40 余台/套。开展 500kV 母线、古繁 5731 线例行检修；继续开展调相机系统检修，继续开展加装谐波监测装置 2 项技术改造。

2. 年度检修特点

（1）首次年度检修任务重。29 个主设备检修工作面、38 个调相机检修工作面 6 个技术改造项目，10 个特殊性检修项目，29 个隐患治理项目，26 个软件升级项目。

（2）重点检修项目难度大。2098 个晶闸管 TCU 更换、347m 新增泵房管网敷设、144 个换流变压器区域电缆沟测温传感器安装、120 个直流场光学电流互感器（光 CT）状态量在线监测改造、211 支光 CT 深度维护、10 根 MR 分接开关联管更换、3 个 1000kV GIS 设备开罐检查、1 支±1100kV 直流穿墙套管（挂网）检查。

（3）数字化换流站建设内容多。8 台水位传感器安装、12 台环境温湿度传感器安装、12 个换流变压器高频电流局部放电传感器安装、22 台水浸传感器安装、35 套火灾预警装置安装、48 个换流变压器超声波局部放电传感器安装、132 个 GIS 特高频局部放电传感器安装、450 台换流变压器区域智能巡检摄像头加装和调试。

（4）现场检修安全风险高。停复役工作量大、高空作业多、特种车辆多、交叉工作面多、施工人员数量多、参检单位多、新冠肺炎疫情防控压力大。

3. 停电计划

2020 年度停电检修计划、2020 年度检修停电时区图分别如图 1-1、图 1-2 所示。

09月29日~11月12日	1号调相机-变压器组检修
10月15日~11月09日	调相机公用系统检修
10月14日~11月27日	2号调相机-变压器组检修
10月04日~10月16日	古亭5308线检修
10月12日~10月24日	极1、极2、接地极系统、1000kV 1号母线、1000kV 2号母线、1000kV 61号母线、1000kV 62号母线、1000kV湖泉I线、500kV小组交流滤波器检修
10月12日~10月26日	1000kV湖泉II线检修
10月14日~10月17日	500kV 64号母线、500kV 65号母线检修
10月15日~10月17日	31B站用变压器检修
10月17日~10月22日	古昌5732线检修
10月19日~10月22日	500kV 63号母线检修
10月23日~10月25日	古峨5733线检修
10月27日~10月30日	500kV 1号母线检修
11月16日~11月19日	500kV 2号母线检修
12月06日~12月15日	古繁5731线检修

图 1-1 2020 年度停电检修计划

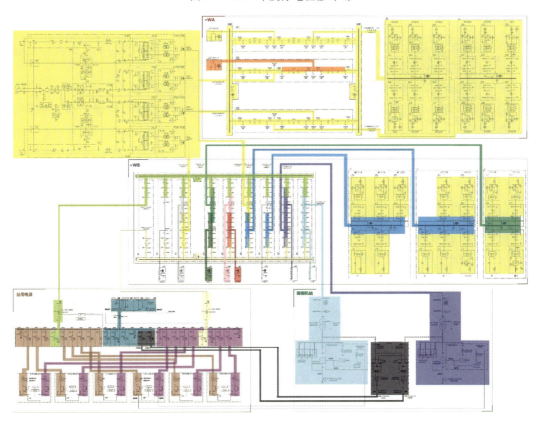

图 1-2 2020 年度检修停电时区图

4. 年度检修目标

(1) 明确"五个更"目标。更高的标准、更严的要求、更实的措施、更细的管理、更新的技术。

（2）推动"四化"。运行经验知识化、运行设备数字化、运行流程程序化、运行队伍人才化。

（3）落实"四个最"。最根本的是紧盯安全目标、牢牢守住"生命线"；最重要的是落实安全生产责任制；最关键的是及时发现解决各类风险隐患；最要紧的是完善应急体系。

（4）秉承"四个不发生"。检修现场不发生装置和管理的严重违章；检修期间不发生人身、电网、设备、信息安全事件；不发生因检修质量造成的紧急停运返修；年度检修周期内不发生由于检修不当造成的设备故障。

（5）实现"三个百分之百"。年度检修内容完成率100%、标准化作业指导书执行率100%、检修计划刚性执行率100%。

（6）确保"两个提升"。年度检修结束后设备本质安全水平进一步提升、年度检修结束后站内智慧运检水平进一步提升。

首次年度检修开工仪式如图1-3所示。

图1-3　首次年度检修开工仪式

1.1.2　年度检修保障及管控措施

1. 保障措施

（1）"三加三"组织保障。建立国网安徽公司年度检修领导小组、超高压公司现场指挥部、古泉换流站现场管控小组"三级管控"体系，确立业主项目部、施工项目部和监理项目部"三个项目部"职责分工，做到年度检修组织清晰、架构有序、监管可靠。健全检修现场管控机制，强化现场检修分区域管控，组织保障措施有力。

（2）安全管控"八个防范"。安全管控做到"八个防范"，即防范外部委托作业风险、防范交叉作业风险、防范有限空间作业风险、防范突发事件潜在风险、防范网络安全事件风险、防范闯红线风险、防范特别严重违章风险、防范新冠肺炎疫情感染风险。编制34份作业方案、42份工作票、40份项目方案和2000余份作业卡。

（3）质量管控三个落实。本着"应修必修，修必修好"的原则，做到"三个落实"，即落实检修方案准备、落实检修关键点预控和落实检修监管人制度。编制主设备、调相机2个年度检修综合方案及67个作业面子方案、951个检修标准作业卡、852个试验标准作业控制卡、150个验收作业卡，明确各工作面监管人及相应岗位职责。

（4）进度管控四项措施。制作施工现场进度甘特图，按照半天细化倒排检修工作进度；明确信息报送要求，重大问题、重要工序进度第一时间汇报；建立日报制度，各工作面监管人每日编制工作面日报，监理项目部每日编制施工日报；业主项目部每日召开检修施工协调会，及时协调解决当日出现的问题。

2. 管控措施

针对古泉换流站 2020 年首次年度检修"外委人员多、特种作业多、作业覆盖面多、涉及专业多"的特点，牢固树立"四个最"意识，落实安全责任，紧盯"管住计划、管住队伍、管住人员、管住现场"工作要求，严守"应修必修，修必修好"原则，体现省检担当，古泉力量。

（1）强质量，确保直流一次性送电成功。

1）跟踪工作管理。根据工作开展情况，安排专人跟踪作业面进度状况，提前发现设备问题，跟进缺陷异常及时闭环。结合工作完工情况，组织开展验收工作，确保设备可靠复役。首检现场作业跟踪如图 1-4 所示。

2）投运前检查管控。梳理投运前检查项目 5000 余条，逐步开展投运前检查工作，确保每个阀门、表计、空气断路器、指示灯、参数等均正常。首检投运前检查如图 1-5 所示。

图 1-4　首检现场作业跟踪　　　　图 1-5　首检投运前检查

（2）保进度，支撑年度检修工期优化。

1）提升年检开工效率。通过缩短停电时间，预先规划安全措施，提升进站效率，优化许可顺序，提前沟通对接，专人专项许可等措施，提升年度检修开工效率。年检开工如图 1-6 所示。

2）带电间隔管控。按照停送电时期，提前绘制行车路线图、带电区域示意图，并采取布置硬质围栏等措施，严防误入带电间隔。集中停电检修带电间隔示意图如图 1-7 所示。

图 1-6　年检开工

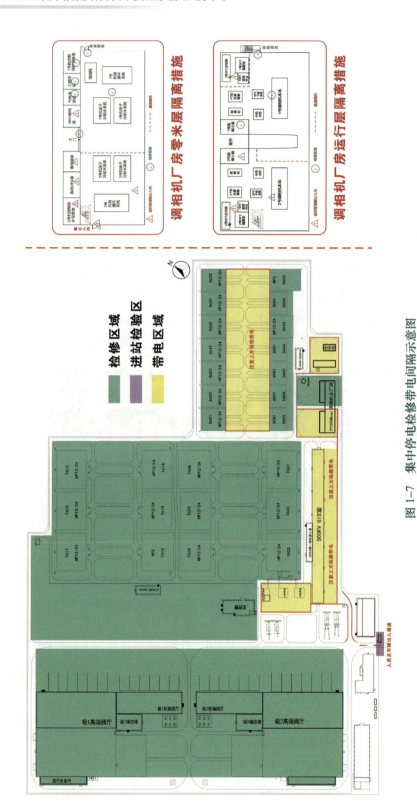

图1-7 集中停电检修带电间隔示意图

3）电网安全管控。梳理各阶段检修工作风险，严把倒闸操作关，落实各阶段检修安全责任人，确保检修工作不影响带电设备运行。停电期间电网运行图如图1-8所示。

4）应急演练＋运检能力提升。利用停电机会，开展换流变压器消防演练，提升火灾应急处置能力。结合运检能力提升培训，在实操中将运行经验知识化。结合年度检修全站停电时机，开展"年检＋消防""年检＋培训"专项活动，验证消防设备功能，提升人员技术水平。消防演练如图1-9所示。

图 1-8　停电期间电网运行图　　　　　　图 1-9　消防演练

1.1.3　年度检修重点工作

（1）双极高端换流变压器进线断路器增加选相合闸装置。2018年古泉换流站启动调试以来，高端换流变压器充电时多次出现励磁涌流较大的情况，励磁涌流产生大量谐波，影响其他设备稳定运行，严重时，单极运行时，空投另一极换流变压器产生的励磁涌流可能会造成运行极保护跳闸，导致事故扩大。为此国网公司设备部在2020年4月组织中国电科院等单位分析，需要在5033、5061断路器增加选相合闸装置功能，并在5月的国网公司直流运维例会中要求结合古泉换流站年检完成整改，彻底解决励磁涌流过大隐患。选相合闸装置原理如图1-10所示。

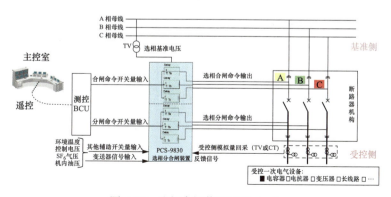

图 1-10　选相合闸装置原理（一）

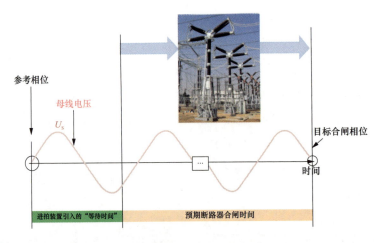

图 1-10　选相合闸装置原理（二）

（2）电缆沟火灾隐患治理。古泉换流站电缆沟道内布置大量动力电缆，通过在电缆沟道内动力电缆容易发生过热缺陷的电缆接头等敏感部位（重要负荷的动力配电屏、动力电缆集中进出的小室沟道等）装设温度监测元件，在分区域内使用数据采集器件将温度信息集中以送往主控中心，使运维人员能实时掌握所有动力电缆温度信息，传感器与数据采集器之间为无线连接。电缆沟监测示意图如图 1-11 所示。

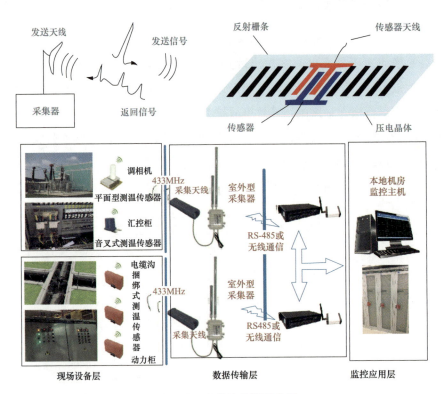

图 1-11　电缆沟监测示意图

（3）换流变压器泡沫炮新增水泵房。由于古泉换流站泡沫炮系统与水喷雾系统水源相同，且不能同时动作，为确保两套灭火系统可以同时投运，确保在火灾初期快速、有效压制火情，通过新增泡沫炮泵房及消防管网，单独设置 1 套给水系统为泡沫炮提供所需消防水。换流变压器泡沫炮新增水泵房示意图如图 1-12 所示。

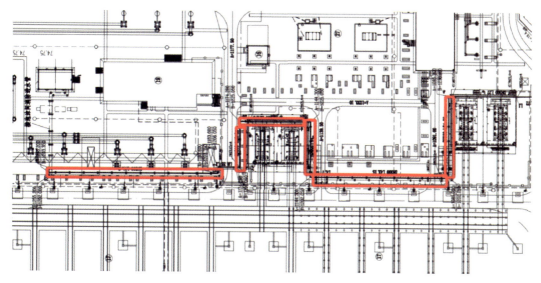

图 1-12　换流变压器泡沫炮新增水泵房示意图

（4）安控在线监测及管理功能提升改造。由于吉泉特高压直流输电受端安控装置按国调要求需接入国调安控在线监测管理主站，古泉换流站年度检修期间对站内交、直流安控装置主机程序进行升级改造及联调，以满足与国调安控管理主站的通信要求。安控在线监测及管理功能提升示意图如图 1-13 所示。

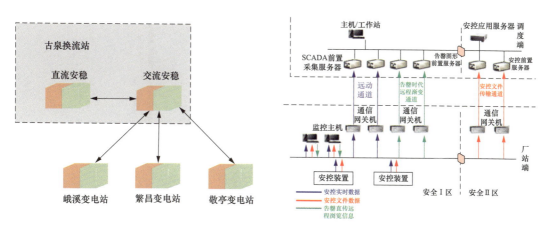

图 1-13　安控在线监测及管理功能提升示意图

（5）光 CT 状态量在线监测改造。为提高古泉换流站测量设备的运行自动化和智能化水平，完善对测量装置的状态监视，通过建设光 CT 运行状态监控平台，可以实现对光 CT 状态量的实时显示、数据分析、实时告警和数据存储功能，能够在设备发生故障时为现场运检人员提供直观的检修决策信息。光 CT 状态量在线监测改造示意图如图 1-14 所示。

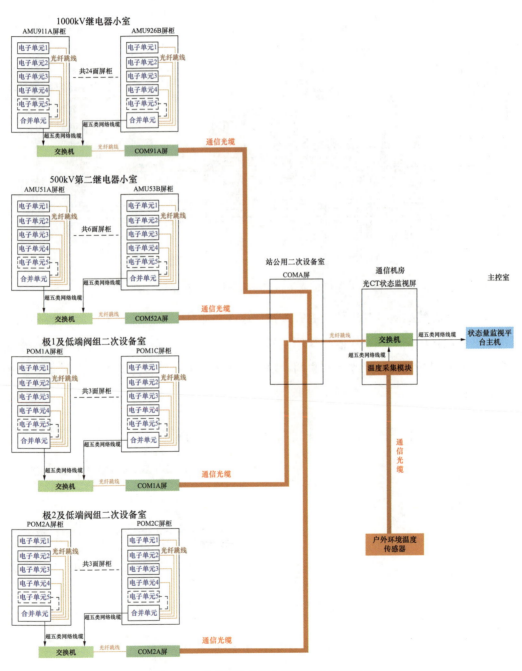

图 1-14　光 CT 状态量在线监测改造示意图

（6）电网谐波监测终端建设。通过在古泉换流站内建设 1 面谐波监测主机屏和 2 面谐波监测采集屏，实现对 1000kV 交流出线、500kV 交流出线、1000kV 交流滤波器进线、500kV 交流滤波器进线、换流变压器进线等位置的谐波监测。在 1000kV 继电器小室配置 1 面谐波监测采集屏和 500kV 第一继电器小室配置 1 面谐波监测采集屏，接入古泉换流站交流出线、滤波器进线、换流变压器进线的电流/电压，用于监视站内的谐波分量，在通信机房配置 1 面谐波监测主机屏，用于接收采集屏采集的数据，在进行分析处理后将相关信息上传。电网谐波监测终端建设人员如图 1-15 所示。

图 1-15　电网谐波监测终端建设

（7）光 CT 专项检修。古泉换流站采用许继集团有限公司供货的全光纤式电流互感器共计 225 台。为了保障全站光 CT 的正常工作，防止光 CT 内部光源、光纤回路和 PZT 型相位调制器等核心器件存在深层缺陷，在长期运行过程中逐渐累积发展为影响设备正常运行的因素，造成光 CT 产生各种突发故障，影响光 CT 测量的准确度以及换流站的安全稳定运行，除常规检查外，需要对光 CT 进行深度的检查、测试和分析，包括全站光 CT 的本体及电子单元的状态检查；全站光 CT 光纤转接盒（CMB）检查、光功率测试、光纤光时域反射法（OTDR）测试、PZT 调制器性能测试、机箱光源偏振测试等，并对存在告警记录光 CT 故障进行检查处理。光 CT 专项检查示意图如图 1-16 所示。

（8）极 2 高±1100kV 直流穿墙套管（挂网）检查。西安西电电力系统有限公司（以下简称"西电"）±1100kV 环氧芯体 SF_6 复合绝缘穿墙套管已带电运行满 1 年，根据国家电网有限公司特高压建设部（以下简称"国网公司特高部"）要求，年度检

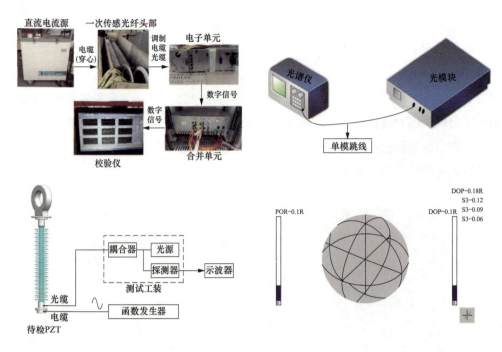

图 1-16 光 CT 专项检查示意图

修时进行专项检查。极 2 高±1100kV 直流穿墙套管（挂网）检查示意图如图 1-17 所示。

（9）GGFL 600kV ABB 直流穿墙套管隐患排查。古泉换流站于年度检修期间对两支 GGFL 型 600kV 直流穿墙套管进行检查，对外部金具与套管端子涉及的 10 个接触面进行直阻及力矩测试，同时进行端子同导电杆的接触面的检查。GGFL 型 600kV ABB 直流穿墙套管隐患排查示意图如图 1-18 所示。

（10）开展晶闸管 TCU 隐患治理。古泉换流站换流阀发生晶闸管无回报告警，故障为晶闸管击穿，TCU 异常故障导致，年度检修期间组织完成晶闸管 TCU 板更换。晶闸管 TCU 隐患治理示意图如图 1-19 所示。

（11）1000kV GIS 超声波异常气室检查处理。古泉换流站通过带电检测发现 1000kV T033 断路器 A 相存在振动信号，现场开罐检查以及厂内解体发现断路器静触头侧刀口位置的屏蔽安装孔存在开裂和螺钉松脱问题。通过专项带电检测发现与 T033 断路器 A 相超声波检测异常信号类似的还有 T031 断路器 A 相、T023 断路器 A 相，结合 2020 年年度检修对上述两个断路器气室进行开罐检查，对开裂的断路器屏蔽罩进行更换，同时结合停电对前期出现振动信号的 T0312 断路器 A 相气室进行检查。1000kV GIS 超声波异常气室检查处理示意图如图 1-20 所示。

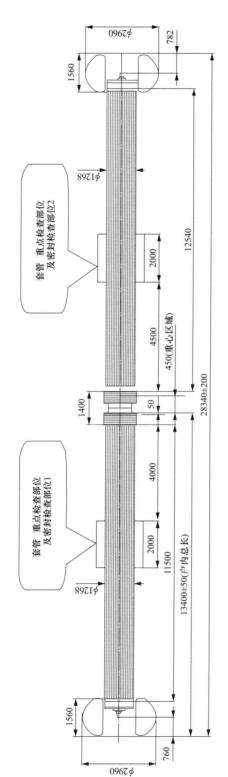

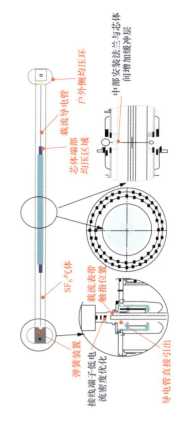

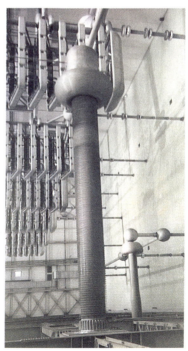

图 1-17 极 2 高 ±1000kV 直流穿墙套管（挂网）检查示意图

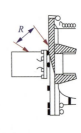

图 1-18　GGFL 600kV ABB 直流穿墙套管隐患排查示意图

图 1-19　晶闸管 TCU 隐患治理示意图

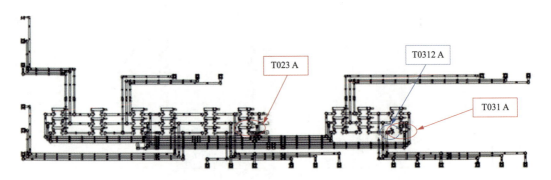

图 1-20　1000kV GIS 超声波异常气室检查处理示意图

（12）极 1 低端换流变压器 10 根联管更换。根据国网公司特高部 2019 年 11 月 18 日古泉换流站换流变压器分接开关整改措施讨论会会议纪要要求，现场需对换流变压器的有载开关进行不锈钢联管改造，2020 年 4 月 12 日保定天威保变电气股份有限公司（以下简称"保变"）完成 10 台低端换流变压器有载开关不锈钢联管改造工作。改造过程中，国网安徽公司内窥镜检查发现部分联管内部出现焊渣、焊道焊伤现象，存在运行风险，根据国网公司特高部要求，2020 年年度检修期间对极 1 低端 10 根不锈钢联管进行更换。极 1 低端换流变压器 10 根联管更换示意图如图 1-21 所示。

图 1-21 极 1 低端换流变压器 10 根联管更换示意图

（13）MR 分接开关同步器外部接线检查。2020 年 9 月，某换流站极 2 低端由降压运行方式自动转为全压运行方式（由 280kV 升至 400kV），升到 319kV 时，系统报分接开关不同步问题，原因为极 2 低端 Y/Y-B 相换流变压器分接开关油室内同步器触点（干簧管）损坏。古泉换流站共有 24 台换流变压器在运，每台换流变压器上装有一副双柱式 MR 分接开关，其结构、型号与该换流站相同，根据国网公司要求，古泉换流站 2020 年年度检修期间对相关 MR 分接开关同步器外部接线检查（包括回路绝缘测量、头盖接线盒密封、接线工艺，以及电缆是否存在破损检查等）。MR 分接开关同步器外部接线检查示意图如图 1-22 所示。

图 1-22 MR 分接开关同步器外部接线检查示意图

（14）±1100kV 阀侧套管根部均压环加固。古泉换流站极 2 高端阀厅内换流变压器阀侧套管底部均压环上环出现下沉，经现场检查发现该底部均压环下环变形，最严重的 YYC 相阀侧 2.1 套管均压环距离套管仅 15cm，为保证均压环不接触套管，2020 年年度检修期间在套管根部新增支撑支架。±1100kV 阀侧套管根部均压环加固示意图如图 1-23 所示。

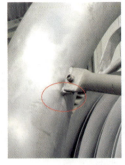

图 1-23　±1100kV 阀侧套管根部均压环加固示意图

（15）内冷水主泵系统止回阀故障隐患排查。2019 年 10 月，某换流站阀冷系统主循环泵出口止回阀定位杆老化偏移失去限位作用，导致阀芯移位出现较大缝隙。国网公司直流技术中心组织各换流站对主泵出口止回阀进行全面拆洗检查，2020 年 1 月，古泉换流站利用直流系统轮停检修工作时间完成了极 1 高 P01、极 2 高 P01、极 2 低 P01 三个主泵出口止回阀的拆洗检查工作，并安排在年度检修期间完成电机轴承定位卡簧是否发生变形、位移，主泵出口止回阀弹簧是否变形、断裂，止回阀定位杆两端固定位置磨损情况以及是否发生位移，阀芯是否发生偏移等检查。内冷水主泵系统止回阀故障隐患排查示意图如图 1-24 所示。

图 1-24　内冷水主泵系统止回阀故障隐患排查示意图

（16）阀冷主备系统间单一通信故障情况下在线切换系统验证。2019 年 9 月，某换流站出现阀冷系统主备系统间通信故障，经分析两路同步回路实际并不是完全独立冗余，如果主用控制系统的同步模块、同步光纤和 CPU 板卡内部处理同步数据的FPGA 等器件故障时将会导致同步回路故障，并退出完好的备用控制系统，保留存在异常的控制系统持续运行，存在重大风险。根据国网公司直流技术中心要求，古泉换流站年度检修对阀冷系统主备系统间单一通信故障情况下可在线切换系统处理的可行性进行充分验证。阀冷主备系统间单一通信故障情况下在线切换系统验证如图 1-25 所示。

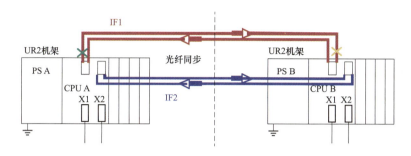

图 1-25　阀冷主备系统间单一通信故障情况下在线切换系统验证

（17）开展换流变压器渗漏进空气异常管路密封检查。按照《国网设备部关于开展 500 千伏及以上变压器（高压电抗器）油管路密封专项排查工作的通知》要求，检查换流变压器本体与在线监测装置连接的法兰对接密封结构，重点检查与本体连接的法兰对接密封结构是否属于"平面＋平面""凸面＋凸面"型式，优先采用"凹面＋平面"，如本体侧法兰为凸面，应选用"凸面＋凹面"；检查法兰面密封圈是否为氟硅橡胶材质，方形凹槽采用双线型密封圈，圆形凹槽采用 O 型密封圈。换流变压器渗漏进空气异常管路密封检查如图 1-26 所示。

图 1-26　换流变压器渗漏进空气异常管路密封检查

（18）调相机内冷水、外循环水系统增加人工取样管路。为便于对调相机外冷水、内冷水进行水质取样分析。2020 年年度检修期间对内取样管、外冷水系统回路新增人工取样管路，其中外冷水系统回路、定子内冷水回路、转子内冷水回路各安装 1 路取样管。调相机内冷水、外循环水系统增加人工取样管路如图 1-27 所示。

（19）对调相机内冷水系统管道焊缝进行抽样无损探伤。调相机内冷水系统管道可能存在不同程度的未熔合、未焊透等严重影响运行安全的隐患。古泉换流站结合 2020 年年度检修机会，对内冷水管道焊缝进行 20％抽检，对焊接质量不合格的管道焊口进行重焊处理，消除内冷水管道渗漏隐患。调相机内冷水系统管道焊缝抽样无损探伤示意图如图 1-28 所示。

图 1-27　调相机内冷水、外循环水系统增加人工取样管路

图 1-28　调相机内冷水系统管道焊缝抽样无损探伤示意图

（20）调相机轴承座油挡衬垫升级。对古泉换流站调相机轴承座油挡衬垫进行升级，统一更换为黄色耐油纸板衬垫，该类型衬垫更适合油系统运行使用，可大大降低运行中油系统漏油概率。调相机轴承座油挡衬垫升级如图 1-29 所示。

（21）调相机大修期间检查各系统的冷却器。古泉换流站调相机外冷水系统为开放式结构，外冷水易混入杂物造成冷却器堵塞。为防止异物堵塞冷却器的情况发生，2020 年年度检修期间对各系统冷却器进行彻底检查，对不合格的滤网进行更换。调相机外冷水系统电动滤水器现场检查如图 1-30 所示。

图 1-29 调相机轴承座油挡衬垫升级

图 1-30 调相机外冷水系统电动滤水器现场检查

（22）调相机内冷水、外循环水系统管道冲洗，提高系统清洁度。2020 年年度检修期间对调相机内冷水、外循环水系统管道进行冲洗，提高系统清洁度。调相机内冷水、外循环水系统管道冲洗示意图如图 1-31 所示。

图 1-31 调相机内冷水、外循环水系统管道冲洗示意图

（23）调相机除盐水系统加药系统电缆槽盒更换、地面修补。古泉换流站调相机除盐水系统加药系统腐蚀性药液造成地面及加药装置支架腐蚀。2020 年年度检修期间进行专项清理和地面修补，线缆及槽盒等装置必要时进行更换。调相机除盐水系统加药系统电缆槽盒更换示意图如图 1-32 所示。

（24）调相机外循环水系统取样化验。日常运维工作中，调相机外循环水系统化验检测主要针对电导率、pH 值等常规参数。2020 年年度检修期间安排专项取样送检工作，对外循环水系统含盐量、氯离子、浓缩倍率、pH值、硬度、总磷等指标进行了深度检测，以确保水质符合调相机运行要求，提高调相机系统稳定性。调相机外循环水系统取样化验示意图如图1-33所示。

图1-32　调相机除盐水系统加药系统电缆槽盒更换示意图

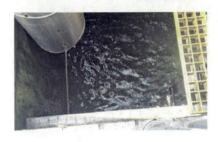

图1-33　调相机外循环水系统取样化验示意图

（25）调相机系统缓冲水池补给水阀门执行机构更换。由于古泉换流站调相机系统补给水管网压力不匹配，造成化学补给水系统补水困难。2020年年度检修期间对阀门执行机构进行改造，通过增加或减少阀门开度进行逐步调节，同时根据化学系统补水时间逐步完善补给水系统的运行方式。调相机系统补给水阀门执行机构更换示意图如图1-34所示。

（26）调相机除盐水系统反渗透装置锈蚀处理。古泉换流站调相机除盐水系统反渗透系统底部支架与地面固定部分出现锈蚀，2020年年度检修期间对锈蚀部分进行处理并对除盐水系统其他部分进行专项排查。调相机除盐水系统反渗透装置锈蚀处理示意图如图1-35所示。

（27）调相机外循环水系统阀门井环境治理。古泉换流站调相机外冷水系统采用机械通风冷却塔的开式循环系统，外冷水补水、回水主管道采用埋地敷设方式，装设于主管道上的采样仪表及阀门布置于设备井内，存在外循环水系统阀门井内电动阀门执行机构及热工仪表损坏隐患。2020年年度检修期间扩大阀门井的入口，增加井口距离地面高度，增设不锈钢透气窗，增设防潮盖板，波纹管最低处开口，使用防火泥对执行器壳体内电缆穿孔进行封堵。调相机外循环水系统阀门井环境治理示意图如图1-36所示。

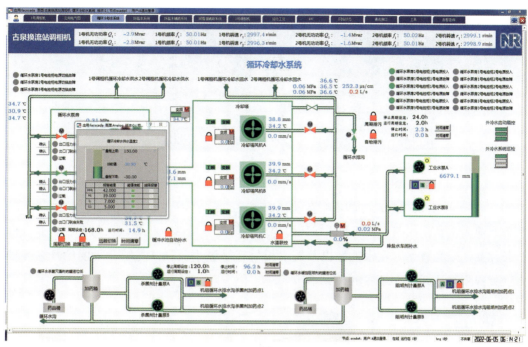

(a)

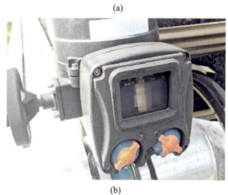

(b)

图 1-34 调相机系统补给水阀门执行机构更换示意图

（a）系统图；（b）实物

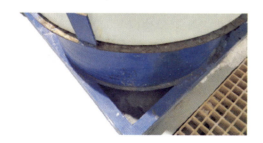

图 1-35 调相机除盐水系统反渗透装置锈蚀处理示意图

图1-36 调相机外循环水系统阀门井环境治理示意图

（28）外冷水系统开式冷却塔堵塞及藻类滋生问题整治。古泉换流站开式冷却水塔底部水池为未封闭状态，长期暴露在环境中，容易受环境影响积累淤泥与杂物，并且由于长期受到阳光直射，在水池壁以及挡水板处容易滋生藻类。需结合年度检修进行处理。外冷水系统开式冷却塔如图1-37所示。

图1-37 外冷水系统开式冷却塔

（29）换流变压器消防炮试喷。古泉换流站换流变压器固定消防炮灭火系统含28台消防炮，1套集成型增压稳压设备，1套平衡式比例混合装置。根据国网公司设备部印发的《换流站消防系统运行规程（试行）》相关要求，年度检修时需对泡沫消防炮灭火系统进行试喷测试，检验消防炮系统是否正常。2020年年度检修期间对28台消防炮进行喷水测试，对1号消防炮进行泡沫液喷射测试，以测量泡沫液喷射的距离和流量。换流变压器消防炮试喷如图1-38所示。

（30）换流变压器/升压变压器水喷雾灭火系统试喷。古泉换流站24台在运换流变压器和两台升压变压器采用水喷雾灭火系统。根据国网公司设备部印发的《换流站消防系统运行规程（试行）》相关要求，需对水喷雾灭火系统进行试喷测试，检测水喷雾灭火系统是否正常。2020年年度检修期间对换流变压器和升压变压器水喷雾系统进行测试，检测雨淋阀启动情况、喷头出水情况、水力警铃启动情况。换流变压器/升压变压器水喷雾灭火系统试喷如图1-39所示。

图 1-38　换流变压器消防炮试喷

图 1-39　换流变压器/升压变压器水喷雾灭火系统试喷

（31）主动火灾监测预警改造。古泉换流站主动火灾预警及完善项目将实现消防探测和灭火装置联网，建成集实时监测消防预警系统运行状态、数据收集、分析数据、视频联动等为一体的换流站消防预警系统。主动火灾监测预警改造如图1-40所示。

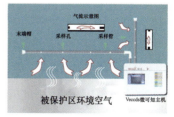

图 1-40　主动火灾监测预警改造

（32）换流变压器区域远程智能巡检改造。古泉换流站通过换流变压器区域智能巡检改造，加装新型感知终端、智能巡检装备，实时掌握设备状态信息，实现图形界面和现场相关视频、音频、数据全面联动，构建可广域监控全局的视频监控系统。此处改造改变了传统的人工巡检模式，大幅提升了站内设备缺陷发现及时率、处理及时率，大幅减轻了一线运维人员工作负担，提高了巡检效率和安全生产水平。此次首检前已安装调试完总体进度的65%，年检结束将完成剩余450台高清视频装置、48台拾音装置的安装调试。首检期间换流变压器区域远程智能巡检改造进度、换流变压器区域远程智能巡检改造示意图分别如图1-41、图1-42所示。

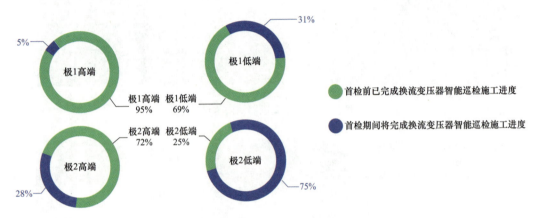

图1-41　首检期间换流变压器区域远程智能巡检改造进度

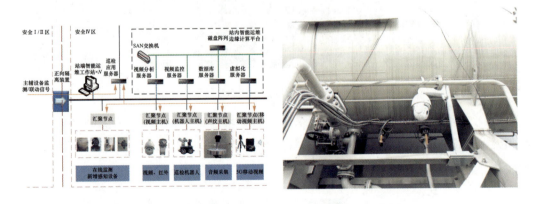

图1-42　换流变压器区域远程智能巡检改造示意图

（33）辅助设施完善及环境监测改造。古泉换流站在整合和集成现有视频及电子围栏、消防、智能辅助等子系统的基础上，增加古泉换流站出入口、主通道等重点环境的监控，辅助智能跟踪及危险点识别，完善站域安防系统，增加智能手环、手持单兵装置、车载单兵装置，完善站内微气象站、设备间温湿度监测、电缆沟积水监测，形成了完整的生产环境监控系统。辅助设施完善及环境监测改造示意图如图1-43所示。

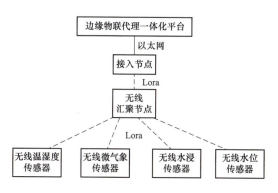

图 1-43　辅助设施完善及环境监测改造示意图

（34）换流变压器、GIS 在线监测系统完善化改造。通过对换流变压器及 500kV GIS 设备部署局部放电在线监测装置，实时进行数据的采集和故障监视分析。通过对换流变压器内部产生的绝缘、悬浮放电缺陷数据的监测和积累，探索开发设备状态多维感知智能应用，以提升感知层应用的穿透力，提升运检工作质量和效率。2020 年度检修期间对 6 台换流变压器及 500kV GIS 设备分别部署超声波、高频电流及特高频局部放电监测装置，改造后提高了设备的状态感知水平，监测信息统一接入边缘物联代理一体化平台后可进行综合管控，提高变电生产人员的工作效率，为检修工作提供决策依据。换流变压器、GIS 在线监测系统完善化改造示意图如图 1-44 所示。

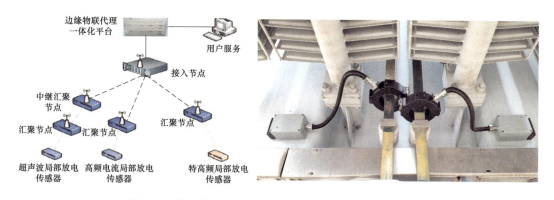

图 1-44　换流变压器、GIS 在线监测系统完善化改造示意图

1.1.4　管理创新方法

1. 采用数字化建模方式辅助开展调相机 A 类检修

由于调相机检修过程涉及多个系统，特别是主机部分因零部件多、工艺复杂、操作难度大等原因，检修施工偏差易造成设备重大质量问题。古泉换流站采用数字化手段开展 2020 年调相机 A 类检修作业模拟，根据调相机现场实际布置情况，对现场环境、调相机主机、主机外部连接管道、检修工器具等进行全仿真建模，根据调相机检修部件拆

装过程进行全过程工艺仿真，以数字化技术提升调相机检修施工可靠性，规范调相机检修操作和工艺要求，在开工前，通过数字化手段开展工作交底。数字化建模方式辅助开展调相机 A 类检修示意图如图 1-45 所示。

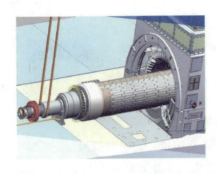

图 1-45　数字化建模方式辅助开展调相机 A 类检修示意图

2. 通过数字孪生、5G 和北斗定位，实现作业安全管控

2020 年年度检修，古泉换流站为作业人员和车辆配备北斗定位装置，并绑定作业人员和车辆相关信息。通过 5G 和数字孪生技术将现场作业人员和车辆信息实时映射至智慧运检中心全景管控驾驶舱，实时监控人员和车辆位置，当发生行动轨迹偏离正常作业区域时，系统立即告警并迅速定位异常区域、人员、车辆，实现作业风险精准快速防控，提高作业安全水平。数字孪生、5G 和北斗定位在线作业安全管控应用如图 1-46 所示。

(a)　　　　(b)

(c)

图 1-46　数字孪生、5G 和北斗定位在线作业安全管控应用

（a）现场作业图；（b）作业车辆定位图；（c）在线作业安全管控

3. 应用边缘代理平台和人脸识别技术实现人员高效管控

利用人脸识别技术实现人员进出站高效管控，2020 年年度检修古泉换流站配置人脸识别闸机，采用人脸识别技术对检修施工人员进行身份验证，同时利用边缘代理平台，将采集信息接入智慧运检管控平台。检修工作开始前，所有满足入场条件的施工人员信息被批量录入系统，每日进站时，所有施工人员列队进站，大幅提升进站效率。应用边缘代理平台和人脸识别技术实现人员高效管控示意图如图 1-47 所示。

图 1-47　应用边缘代理平台和人脸识别技术实现人员高效管控示意图

1.1.5　年检组织机构及主要参检单位情况

1. 组织机构

年度检修组织机构如图 1-48 所示。

图 1-48　年度检修组织机构

2. 主要参检单位

参检单位及检查内容见表 1-1。

表 1-1 参检单位及检查内容

序号	单位名称	工作内容
1	国网直流建设公司（基建业主项目部）	基建遗留问题消缺组织、协调
2	国网安徽电力科学研究院	技术监督、表计校验
3	西安西电电力系统有限公司	极Ⅱ阀厅 TCU 更换及换流阀年度检修
4	上海电气电站设备有限公司	调相机本体及辅助系统
5	许继集团电子互感器分公司	光 CT 专项检修
6	上海尤田电气股份有限公司	在线监测系统检修
7	武汉东润冷气工程有限公司	空调系统检修
8	南京南瑞继保工程技术有限公司	直流控制保护系统检修
9	北京 ABB 四方电力系统有限公司	极Ⅰ换流阀检修、试验、消缺
10	河南中能建设工程有限公司	双极阀厅内外壁清灰、建筑物修缮
11	安徽南瑞继远电网技术有限公司	工业电视监控及周界报警系统检修
12	河南晶锐冷却技术股份有限公司	阀冷系统检修
13	安徽新力电业科技咨询有限责任公司	调相机启动试验及涉网试验
14	南京灿能电力自动化股份有限公司	电网谐波监测装置加装
15	西安西电高压套管有限公司	±1100kV 直流穿墙套管检修、试验
16	西安西电开关电气有限公司	1000kV GIS 设备基建遗留问题消缺
17	山东日立电气高压开关有限公司	500kV GIS 设备基建遗留问题消缺
18	西安西电变压器有限责任公司	高端换流变基建遗留问题消缺
19	保定天威保变电气股份有限公司	低端换流变基建遗留问题消缺
20	河南平高电气股份有限公司	1000kV 交流滤波器场隔离开关检修消缺
21	湖南长高高压开关有限公司	户外直流场隔离开关基建遗留问题消缺
22	常州东芝变压器有限公司	调相机升压变基建遗留问题消缺
23	南京消防器材股份有限公司	消防主机基建遗留问题消缺
24	山东泰开成套电气有限公司 黑龙江省送变电工程有限公司（电气 B 包）	站用电 10kV 开关柜基建遗留问题消缺
25	上海电力建筑工程公司（土建 B 包）	极Ⅱ辅控楼建筑物基建遗留问题修缮、消缺
26	北京许继电气有限公司	一体化在线监测后台基建遗留问题消缺
27	北京国网联合电力科技有限公司	接地极在线监测后台基建遗留问题消缺
28	华中光电技术研究所	户内直流场在线监测后台基建遗留问题消缺
29	安徽送变电工程有限公司（土建 A 包）	消防设施、排水系统基建遗留问题消缺
30	安徽电力建设第一工程有限公司（土建 C 包）	交流滤波器围栏内设施基建遗留问题消缺
31	合肥 ABB 变压器有限公司	低端换流变网侧 GOE 套管取油样
32	北京华电云通电力技术有限公司	油色谱在线监测装置隐患排查

1.2　首次精益化检修

1.2.1　精益化检修意义

近年来，国网公司直流资产规模快速增长、设备技术不断创新，对安全提出了更高的要求。运维好、管理好公司直流资产，是国网公司"十四五"高质量发展的重大命题，不断提升直流专业的精益化管理水平是实现这一目标的必由之路。围绕"直流设备精益化管理"这项中心任务，提升安全管控能力、质量管控能力、专业管理能力、直流运行质效，以目标、方法、责任、行动、保障、成效六大要素为抓手，全面推进隐患治理、风险预控、状态管控、科学改造、精益运维、精益检修、规范流程、技术监督八项核心业务，同时构筑队伍专业化、业务数字化两个根本保障，提升直流专业规范化、精益化管理水平，保障直流输电系统高可靠运行和高效率运营。

古泉换流站认真践行"四个革命、一个合作"能源安全新战略，以"五个更"为目标，着力实施国网公司"直流设备精益化检修"试点任务，用心打造精益化检修示范窗口，为实现碳达峰碳中和贡献古泉力量。为此，古泉换流站积极落实精益化检修要求，积极开展陪停检修，认真梳理年度检修项目，突出针对性、有效性，对影响工期的关键项目进行优化，对轮试周期和工序进行调整。古泉换流站主要时间节点如图 1-49 所示，精益化检修如图 1-50 所示。

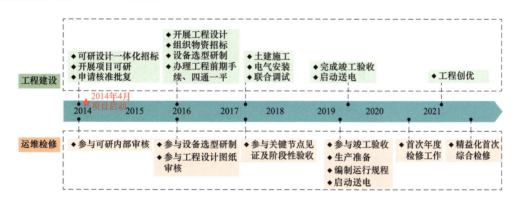

图 1-49 古泉换流站项目关键里程碑

图 1-50 古泉换流站精益化检修

1.2.2　精益化检修策略

基于检修计划统筹、检修模式融合、检修策略优化和检修组织强化，提升精益化检修水平。推行不停检修、轮停检修和陪停检修，构建科学高效的检修模式。

（1）推行不停检修。合理安排交流滤波器、交流场、外冷等设备在部分停电或不停电的方式下进行检修，以压降直流双极集中停电检修时间。

（2）推行轮停检修。结合负荷预测和交易安排，优化直流运行方式，在功率合适的情况下尽量采用阀组轮停、极轮停的方式开展检修，避免或者减小对送电功率的影响，在提高可用率的基础上，逐步提升利用率。

（3）推行陪停检修。积极主动做好陪停检修准备工作，建立检修项目储备库，高度关注对侧换流站、直流输电线路、配套电厂与交流线路的停电计划安排，在设备非计划停运期间，创造条件开展陪停检修工作。

古泉换流站结合1000kV湖安Ⅰ线停电机会，开展双极低端轮停检修工作，逐条分析了站内设备检修、检测项目的必要性和周期，并调整检修策略、优化检修工期，保证了检修质量。

1.2.3　首次精益化检修优化内容

1. 优化原则

对可通过在线监测、带电检测手段发现设备问题的试验项目周期进行优化，对具有冗余和有完备预警系统的设备、不进行检修或试验不会对直流安全运行造成严重影响的项目周期进行优化，对与设备故障相关性较弱的年度检修项目周期进行优化，对可通过日常运维消缺或直流不停电的情况下进行的检修和试验项目周期进行优化，对过度检修可能造成设备隐患的项目延长周期。

2. 优化措施

充分优化直流停电检修项目、充分做好检修准备工作、加强组织协调增加有效检修时间、优化交叉面作业面工作流程、增加检修力量减少关键面时间、优化验收检查流程、优化检修停电安排。

3. 优化项目

（1）优化主通流回路接头检查。优化主通流回路接头检查示意图如图1-51所示。

（2）优化阀塔水管接头检查。优化阀塔水管接头检查示意图如图1-52所示。

（3）优化设备清扫策略。优化设备清扫策略示意图如图1-53所示。

（4）优化换流阀预防性试验。优化换流阀预防性试验示意图如图1-54所示。

图 1-51　优化主通流回路接头检查示意图

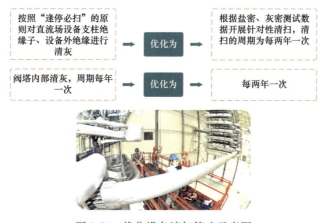

图 1-52　优化阀塔水管接头检查示意图

图 1-53　优化设备清扫策略示意图

图 1-54　优化换流阀预防性试验示意图

（5）优化换流变压器套管相关试验。优化换流变压器套管相关试验示意图如图 1-55 所示。

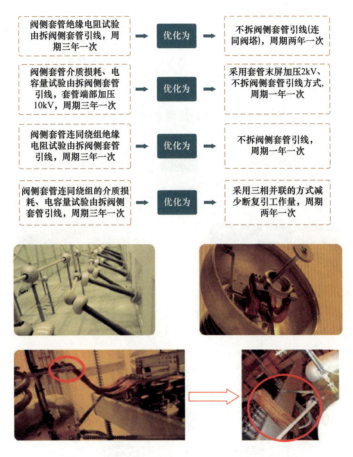

图 1-55　优化换流变压器套管相关试验示意图

（6）优化气体继电器及油流继电器校验。优化气体继电器及油流继电器校验示意图如图 1-56 所示。

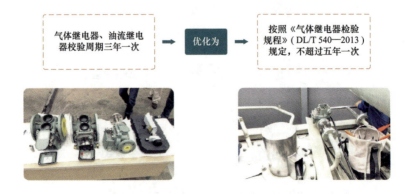

图 1-56　优化气体继电器及油流继电器校验示意图

（7）优化电容测试方法。优化电容测试示意图如图1-57所示。

图 1-57　优化电容测试示意图

4. 隐患治理项目

（1）双极低端阀冷系统软件泄漏屏蔽保护不合理。古泉换流站阀冷系统设计中，泄漏保护屏蔽条件多、动作延时设置不合理，存在动作不及时或拒动的风险。通过优化泄漏屏蔽条件，根据工程实际情况核算相应的屏蔽时间，完成屏蔽时间定值优化，并结合现场试验进行验证。修改后的软件逻辑、新增功能压板分别如图1-58、图1-59所示。

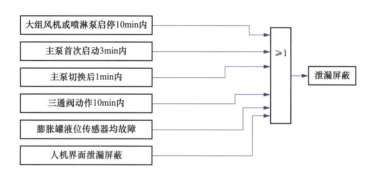

图 1-58　修改后的软件逻辑

图 1-59　新增功能压板

（2）双极低端流量压力联合保护逻辑不合理。当同一类型传感器均故障时，流量压力联合保护跳闸有拒动风险。对流量压力联合跳闸逻辑进行优化，增加流量传感器均故障或压力传感器均故障的跳闸逻辑。双极低端流量压力联合保护逻辑修改如图1-60所示。

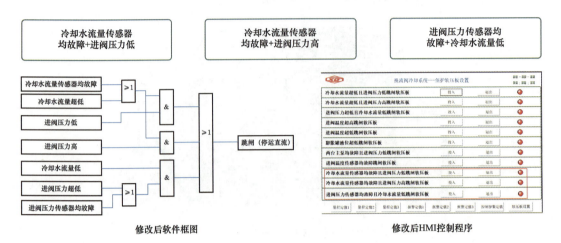

图1-60　双极低端流量压力联合保护逻辑修改

（3）双极低端阀冷软件逻辑不合理。保护定值发生异常变化，可能存在拒动或误动风险。增加保护定值校验功能，并上传报警事件。双极低端阀冷软件逻辑修改如图1-61所示。

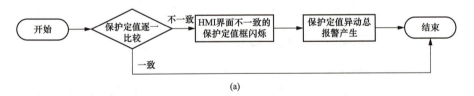

(a)

(b)

图1-61　双极低端阀冷软件逻辑修改

（a）涉及超级定值保护的逻辑；（b）修改后HMI控制程序

（4）双极低端阀冷控冷器或冷却塔进出水金属软管破裂隐患治理。空冷器进出口的金属软管与主管道之间无阀门隔离，如果金属软管发生漏水故障，无法在线更换，需要直流停运处理。把冷却塔或空冷器进、出口金属软管前端对夹式蝶阀更换为支耳式蝶阀，并在金属软管后端增加一个支耳式蝶阀，根据支耳式蝶阀的厚度缩短金属软管长度，进、出口主管道不需更改。冷却塔进出水金属软管破裂隐患治理示意图如图 1-62所示。

(a)　　　　　　　　　　　　　　(b)

图 1-62　冷却塔进出水金属软管破裂隐患治理示意图

（a）改造前空冷器进、出口金属软管示意图；（b）改造后冷却塔金属软管示意图

（5）阀冷外水冷缓冲水池液位开关接线盒安装位置不合理隐患治理。早期外水冷的缓冲水池因配置有超声波液位计，测量时经常因干扰导致测量不准，故配置有辅助液位报警用的浮球液位开关。浮球液位开关接线盒放置在与缓冲水池内部连通的不锈钢防护罩内，若接线盒密封不好，池子内部的湿热蒸汽进入接线盒，会导致信号误报警等现象，给运维人员带来困扰，故将原来安装在防护罩内部的接线盒移至外部安装并配置防雨罩。改造方案原理接线、阀冷外水冷缓冲水池液位开关接线盒改造示意图分别如图 1-63、图 1-64 所示。

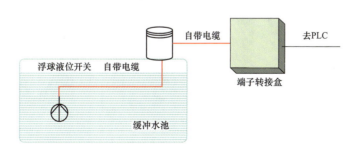

图 1-63　改造方案原理接线

（a）　　　　　　　　　　　　　　（b）

图 1-64　阀冷外水冷缓冲水池液位开关接线盒改造示意图

（a）原浮球液位开关护罩；（b）新增端子转接盒

（6）内冷水主泵系统止回阀故障隐患治理。2019 年 10 月，某换流站极 1 P02 主循环泵电机故障，对电机整体更换备用电机后试运行时，发现新装电机前端温度变送器故障，在将 P02 主泵切换至 P01 主泵运行的过程中，发现 P02 主泵出口止回阀故障，现场检查发现主泵止回阀阀芯定位杆在运行时长期承受同一方向的阀芯动作力，水流振动引起定位杆和固定孔摩擦，当固定孔摩擦扩大后不能对定位杆起到限位固定作用，定位杆也逐渐对阀芯动作失去限位作用，最终导致阀芯移位出现较大缝隙，逆止作用失效。古泉换流站 2020 年年度检修期间对主泵止回阀进行检查，无异常，检查内容包括电机轴承定位卡簧是否发生变形、位移，主泵出口止回阀弹簧是否变形、断裂，止回阀定位杆两端固定位置磨损情况以及是否发生位移，阀芯是否发生偏移等。按照国网公司直流技术中心要求，在厂家未提供有效解决措施前，对主循环泵止回阀每年进行一次检查。检查止回阀弹簧如图 1-65 所示。

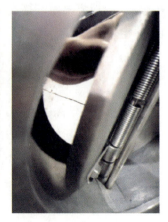

图 1-65　检查止回阀弹簧

5. 软件修改项目

2020 年 11 月 20 日、11 月 24 日，国网公司设备部会同特高压部、国调中心在北京召开特高压换流站有载分接开关压力释放阀、压力继电器、油流继电器等非电量保护配置方案讨论会，明确了有载分接开关非电量保护策略。同时按照《国家电网有限公司十八项电网重大反事故措施（修订版）》8.2.1.5 规定"换流变压器有载分接开关仅配置了油流或速动压力继电器一种的，应投跳闸；同时配置了油流和速动压力继电器的，油流继电器应投跳闸，速动压力继电器应投报警"要求，站内换流变压器 MR 有载分接开关已配置油流继电器和压力释放阀，结合 2020 年年度轮停检修工作，将分接开关的压力释放阀由跳闸改为报警，并在修改后完成软件功能验证。有载分接开关压力释放阀等非电量保护配置修改如图 1-66 所示。

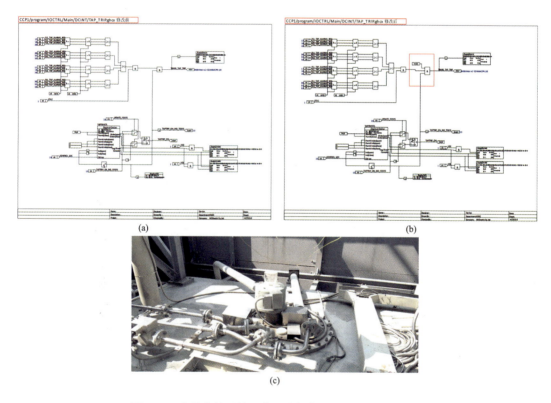

(a)　　　　　　　　　　　　(b)

(c)

图 1-66　有载分接开关压力释放阀等非电量保护配置修改

(a) 修改前逻辑；(b) 修改后逻辑；(c) 装置

6. 技术改造项目

（1）古泉换流站特高压交直流保护全景监视与智能诊断系统建设。古泉换流站交直流保护全景监视与智能诊断系统建设具备保护设备运行监视、二次回路可视化、保护故障预警、保护智能巡检、保护故障诊断与分析、保护设备异常诊断和数据转发功能，在电网发生故障时，通过自动采集、筛选、分析上送的交直流保护动作信息和录波信息，生成快速故障诊断报告和故障点详细分析报告，并支持调用工具对故障录波进行分析的功能。交直流保护全景监视与智能诊断系统建设示意图如图 1-67 所示。

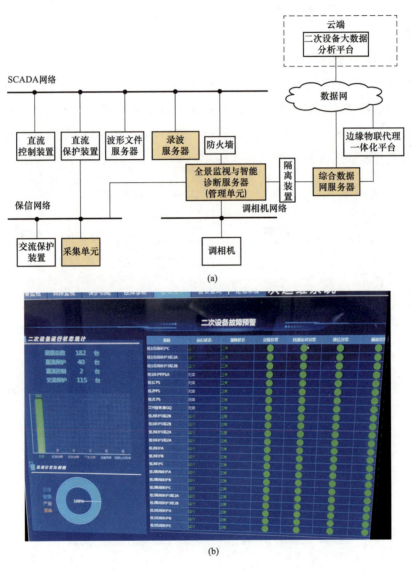

(a)

(b)

图 1-67　交直流保护全景监视与智能诊断系统建设示意图

（a）系统结构；（b）系统显示界面

（2）严格落实"四个管住"要求，守牢安全生产底线。

1）管住作业计划。根据停电时间细致安排作业计划，深度参与现场作业风险评估，制定管控措施；针对不同停电阶段，绘制安全措施布置及行车路线图，防止参检人员误入带电间隔。管住作业计划示意图如图 1-68 所示。

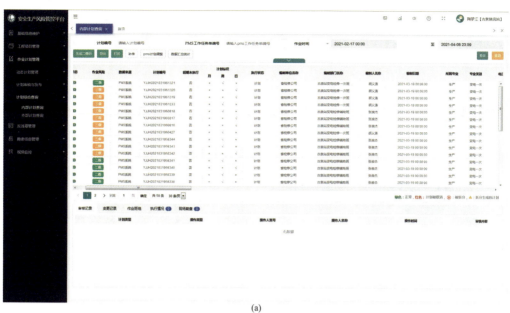

(a)

周检修计划表(3月22日~3月28日)

序号	单位	停役设备或范围	是否计划停电	电压等级	主要工作内容	计划开工时间	计划完工时间	具体工作地点	作业班组(施工单位)	作业风险等级	到岗到位岗位	任务来源
1	古泉站	主设备:极Ⅱ低端直流换流器检修 其他设备:T031断路器冷备用，T032断路器冷备用	是	±1100kV	极2低端直流控制保护系统例行检修、消缺、软件升级	2021/3/21 8:00	2021/3/26 20:00	古泉站	二次检修班、南瑞继保	二级	/	常检
2	古泉站	主设备:极Ⅱ低端换流器检修 其他设备:T031断路器冷备用，T032断路器冷备用	是	±1100kV	极2低端阀及阀控系统设备检修、消缺	2021/3/21 8:00	2021/3/26 20:00	古泉站	摩军检修技术专责	三级	/	常检
3	古泉站	主设备:极Ⅱ低端换流器检修 其他设备:T031断路器冷备用，T032断路器冷备用	是	±1100kV	极2低端阀水冷系统检修、消缺	2021/3/21 8:00	2021/3/26 20:00	古泉站	辅助检修班、许继昶锐	三级	/	常检
4	古泉站	主设备:极Ⅱ低端换流器检修 其他设备:T031断路器冷备用，T032断路器冷备用	是	±1100kV	极2低端换流变及进线区域、阀厅部分设备检修预试、消缺	2021/3/21 8:00	2021/3/26 20:00	古泉站	安徽送变电	三级	李腾检修技术专责	常检
5	古泉站	主设备:极Ⅱ低端换流器检修 其他设备:T031断路器冷备用，T032断路器冷备用	是	±1100kV	极2低端换流变和阀厅消防系统检修、消缺	2021/3/21 8:00	2021/3/26 20:00	古泉站	安徽送变电	三级	摩军检修技术专责	常检
6	古泉站	主设备:极Ⅱ低端换流器检修 其他设备:T031断路器冷备用，T032断路器冷备用	是	±1100kV	极2低端换流变和阀厅在线监测系统检修、消缺	2021/3/21 8:00	2021/3/26 20:00	古泉站	安徽送变电	三级	李腾检修技术专责	常检
7	古泉站	主设备:极Ⅱ低端换流器检修 其他设备:T031断路器冷备用，T032断路器冷备用	是	±1100kV	极2阀厅空调及通风系统检修、维护	2021/3/21 8:00	2021/3/26 20:00	古泉站	安徽送变电	三级	摩军检修技术专责	常检
8	古泉站	主设备:极Ⅱ低端换流器检修 其他设备:T031断路器冷备用，T032断路器冷备用	是	±1100kV	极2低端阀厅内墙壁清灰、修缮在线监测系统检修、消缺	2021/3/21 8:00	2021/3/26 20:00	古泉站	安徽送变电	三级	摩军检修技术专责	常检
9	古泉站	主设备:极Ⅰ低端换流器检修 其他设备:T022断路器冷备用，T023断路器冷备用	是	±1100kV	极1低端直流控制保护系统例行检修、消缺、软件升级	2021/3/27 8:00	2021/4/1 20:00	古泉站	二次检修班、南瑞继保	二级	/	常检
10	古泉站	主设备:极Ⅰ低端换流器检修 其他设备:T022断路器冷备用，T023断路器冷备用	是	±1100kV	极1低端阀及阀控系统设备检修、消缺	2021/3/27 8:00	2021/4/1 20:00	古泉站	二次检修班、ABB	三级	摩军检修技术专责	常检
11	古泉站	主设备:极Ⅰ低端换流器检修 其他设备:T022断路器冷备用，T023断路器冷备用	是	±1100kV	极1低端阀水冷系统检修、消缺	2021/3/27 8:00	2021/4/1 20:00	古泉站	辅助检修班、许继昶锐	三级	/	常检
12	古泉站	主设备:极Ⅰ低端换流器检修 其他设备:T022断路器冷备用，T023断路器冷备用	是	±1100kV	极1低端换流变及进线区域、阀厅分部设备检修预试、消缺	2021/3/27 8:00	2021/4/1 20:00	古泉站	安徽送变电	三级	李腾检修技术专责	常检
13	古泉站	主设备:极Ⅰ低端换流器检修 其他设备:T022断路器冷备用，T023断路器冷备用	是	±1100kV	极1低端换流变和阀厅消防系统检修、消缺	2021/3/27 8:00	2021/4/1 20:00	古泉站	安徽送变电	三级	摩军检修技术专责	常检
14	古泉站	主设备:极Ⅰ低端换流器检修 其他设备:T022断路器冷备用，T023断路器冷备用	是	±1100kV	极1低端换流变和阀厅在线监测系统检修、消缺	2021/3/27 8:00	2021/4/1 20:00	古泉站	安徽送变电	三级	李腾检修技术专责	常检
15	古泉站	主设备:极Ⅰ低端换流器检修 其他设备:T022断路器冷备用，T023断路器冷备用	是	±1100kV	极1低端阀厅内墙壁清灰、修缮在线监测系统检修、消缺	2021/3/27 8:00	2021/4/1 20:00	古泉站	安徽送变电	三级	摩军检修技术专责	常检
16	古泉站	主设备:极Ⅰ低端换流器检修 其他设备:T022断路器冷备用，T023断路器冷备用	是	±1100kV	极1低端阀厅空调及通风系统检修、维护	2021/3/27 8:00	2021/4/1 20:00	古泉站	安徽送变电	三级	摩军检修技术专责	常检

(b)

图 1-68　管住作业计划示意图

(a)系统界面;(b)周检修计划表

根据作业计划，按照时间节点完成《安全管控方案》《应急处置工作方案》等编制，明确进场资质办理、准入考试等工作，细致部署各阶段具体工作。

2)管住作业队伍。管住作业队伍示意图如图1-69所示。

a.资信备案。收集各参检单位"企业""队伍""人员"资料，逐项录入风险管控平台，确保参检单位作业前满足"双准入"条件。

b.安全教育。针对性开展安全教育，到站一个队伍教育一个队伍、教育一个工作面开工一个工作面，确保作业面风险点及预控措施全面掌握。

3）管住作业人员。进行人员审查，组织全部参检人员参加准入考试，审查特种作业人员资质，所有参检人员全部采用人脸识别系统比对认证入场。参检人员准入考试如图 1-70 所示。

图 1-69　管住作业队伍示意图

图 1-70　参检人员准入考试

4）管住作业现场。开展全过程安全稽查与"问题闭环"机制，建立"红黑榜"机制；开展全过程安全稽查，建立违章单位约谈与问题闭环机制。发现严重以上违章，组织违章单位专题约谈，建立"红黑榜"机制，每日公示典型违章情况及安全管理工作亮点。现场安全交底如图 1-71 所示。

1.2.4　安全管控 "五个体系"

（1）建立规范组织体系。成立"业主＋监理＋施工"三个项目部，加强安全、质量和现场管控。

（2）建立全过程风险管控体系。提前参与作业风险辨识，介入踏勘及方案编制。组织开展工作票讨论会，明确开展原则及典型安全措施，逐级开展安全措施审核。

图 1-71 现场安全交底

（3）建立健全阶段人员管控体系。

1）安全教育"全方位"。开展集中安全教育、班前班后会安全教育、随机开展安全风险掌握情况考问。

2）安全教育"有重点"。针对吊车司机、有限空间作业人员等重点人员开展专题教育及考问。

3）人员管控"分区域"。针对不同工作面、单位、工种等，制作不同颜色马甲。

4）人员管控"精准化"。采用人脸识别系统，确保人证合一，动态调整人员信息，工作终结后，删除信息，拒绝无关人员进站。

（4）建立全方位安全监督体系。查人员，防止人证不一致或监护不到位；查装备，防止器材装备不合格或不齐备；查作业，防止条件不满足或不安全行为。

（5）建立全阶段人员管控体系。保障安全物资，提前梳理安全物资需求清单；保障网络安全，加强内网电脑管控，开展安全物资采购。张贴醒目标示，严控内网外联。

1.2.5 精益化检修组织机构及主要参检单位情况

1. 组织机构

组织机构如图 1-72 所示。

图 1-72 精益化检修组织机构

2. 主要参检单位

主要参检单位及内容见表 1-2。

表 1-2　　　　　　　　　　　　主要参检单位及内容

序号	单位名称	工作内容
1	安徽电科院	技术监督单位、水冷表计校验
2	安徽送变电工程有限公司	双极低端、消防系统常规检修、试验、消缺
3	北京 ABB 电力系统有限公司	极 1 低端换流阀检修、试验
4	西安西电电力系统有限公司	极 2 低端换流阀年度检修、试验
5	武汉东润冷气工程有限公司	空调系统检修
6	南京南瑞继保工程技术有限公司	直流控制保护系统检修
7	上海尤田工业设备有限公司	双极低端在线监测系统消缺
8	河南中能建设工程有限公司	双极低端阀厅内壁清灰、建筑物修缮
9	安徽南瑞继远电网技术有限公司	工业电视监控及周界报警系统年度检修
10	河南晶锐冷却技术股份有限公司	阀冷系统检修

2　首　检　安　全　管　理

2020年古泉换流站年度检修为吉泉工程投运以来第一次年度大修，古泉换流站在结合上半年四阀组轮停检修经验以及兄弟换流站经验的基础上，深入践行"三先"理念，围绕"接收好、运维好、当标杆"工作要求，牢固树立"四个最"意识，紧抓首检"外委人员多、特种作业多、作业面多、专业多"等关键风险管控，深入实施"三个在线"，严格"四个管住"，严守"应修必修，修必修好"原则，实现防疫和安全生产双胜利，为支撑电网、服务国网安徽公司建设"一体三化"现代能源服务企业贡献古泉力量。

2020年古泉换流站首检范围包括直流场、双极24台换流变压器、双极4阀厅、5大组交流滤波器、2组调相机、交直流控保设备、空调、消防、水冷、工业水等辅助系统检修。主要工作内容覆盖全站一、二次设备（含调相机）及辅助设备，16大检修区域、67个检修作业面。2020年古泉换流站年检规模、2020年古泉换流站首检范围分别如图2-1、图2-2所示。

99个例行检修项目
包括直流场、双极24台换流变、双极4阀厅、5大组交流滤波器、2组调相机、交直流控保设备、空调、消防、水冷、工业水等辅助系统检修。

275个非常规项目
58项特殊性检修、6项技改项目、24项隐患治理、137项消缺、8项技术监督、34项重点检查验证项目、3项基建遗留整改项目、5项软件修改。

16大检修区域
67个检修作业面

共**685**名作业人员

图2-1　2020年古泉换流站年检规模

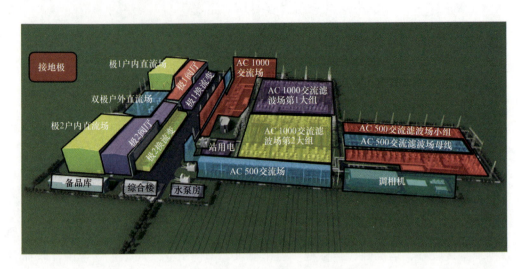

图 2-2　2020 年古泉换流站首检范围

2.1　首 检 安 全 策 划

2.1.1　编制年度检修安全管控方案

2020 年古泉换流站年度检修为吉泉工程投运以来第一次年度大修，参检单位多、人员多，面临防疫、安全生产双重考验。古泉换流站高度重视年度首检，多次组织策划和推演，结合四阀组轮停管控经验以及兄弟单位换流站年检安全管控经验，编制《古泉换流站年度检修安全管控方案》，剖析现场作业风险及新冠肺炎疫情感染风险，围绕"接收好、运维好、当标杆"工作要求，全员树立"四个最"意识，落实安全责任，以"四个管住"为主线，共分为 5 部分。古泉 2020 年度检修安全管控方案如图 2-3 所示。

（1）明确年度检修安全监督体系和职责。

（2）明确安全教育、通报机制、运检保障、防疫保障等安全管控保障机制。

（3）明确安全管控基本措施、运维管控措施、倒闸操作管控、检修工作管控、设备验收管控、设备复役管控、运行方式调整管控、环保安全管控、出入安全管控等年检安全管控措施。

（4）明确危险点与管控措施、特殊作业危险点与管控措施等检修作业现场风险评估与预控措施。

（5）明确停电检修计划安排表、系统运行方式风险评估、安全隔离措施风险评估、低压直流风险评估等设备运行方式风险评估与预控措施。

图 2-3　古泉 2020 年度检修安全管控方案

2.1.2　建立勘察动态调整机制，梳理原则工作票

根据年检范围和任务，结合 16 大类 67 项子作业面，联合施工方、古泉换流站内工作票签发人，提前做好工作票分类、预填写，明确总分工作票模式，明确将分工作票纳入安全管控范围并结合勘察结果动态调整工作票工作范围和内容，最终明确 24 张总票模式。年度检修作业票如图 2-4 所示。

图 2-4　年度检修原则作业票

2.1.3　编制现场专项工作预案，实现针对性管控

1. 根据停电计划编制一次设备隔离方案

面对首检工期短、作业范围大、多专业、多厂家、多人员，为保证带电区域有效隔离、防止人员误入工作区域，组织施工方勘察现场，明确运行方式变更后的带电区域和

45

工作区域，并采用硬质围栏隔离，明确运行方式变更时间，动态调整，第一时间进行带电范围安全交底。

2. 排查年度检修临近带电作业并制定专项管控预案

2020 年年度检修并非全站全停，直流设备为全停，500kV 设备区、调相机采用轮停方式，部分作业范围仍为近电作业，现场人员、大型吊车等存在感应电、安全距离不足等风险，提前做好现场近电作业排查统计，制定专项管控预案，明确时间点、对应工作范围和工作任务、人员准备、机具准备、临近带电作业具体管控措施，准备近电作业管控安全工器具，严控风险。近电作业排查和管控预案如图 2-5 所示。

年度检修临近带电作业专项方案

1、列出工作任务：明确时间点、对应工作范围和工作任务

（1）500kV 交流滤波器场小组内设备例行检修、试验；

（2）500kV 交流出线例行检修、试验；

（3）500kV 站用变例行检修、试验；

（4）35kV 站用变压器、10kV、400V 例行检修；

（5）1、2 号调相机检修。

2、工作准备：人员准备、机具准备（列好台账）

具体设置人员、检修机具台账登记

3、临近带电作业具体管控措施

（1）施工内容及电气环境

1）500kV 交流出线及站用变压器

1 号母线停电时间：2020 年 10 月 27 日-30 日

2 号母线停电时间：2020 年 11 月 16 日-19 日

1 号调相机停电时间：2020 年 9 月 29 日-11 月 12 日

2 号调相机停电时间：2020 年 10 月 14 日-11 月 27 日

古亭 5308 线路停电时间：2020 年 10 月 1 日-7 日

古昌 5732 线路停电时间：2020 年 10 月 16 日-21 日

古峨 5733 线路停电时间：2020 年 10 月 22 日-24 日

电气环境：非检修区域带电

附图（描红）见一次隔离方案面

2）500kV 交流滤波器场检修

图 2-5　近电作业排查和管控预案

3. 完成交叉作业统计，制定专项管控

针对调相机、阀厅、户内直流场、换流变压器等交叉作业面，完成交叉作业统计，明确各作业面责任人，编制试验、一次、二次等专业交叉、换流变压器网侧试验对阀厅内检修影响；穿墙套管一侧例行检修、试验对另一侧检修影响；直流场、阀厅内一次设备试验对主通流回路检修影响；作业人员、车辆使用影响（升降平台车、电动斗臂车）等检修交叉作业管控措施。交叉作业统计如图 2-6 所示。

主要是阀厅、换流变压器、直流场（户内、户外）

1、主要任务

1.1 阀厅区域

区域	工作项目	工作面
阀厅区域	阀避雷器例行检修、试验	分1
	接地刀闸例行检修、试验	
	避雷器例行检修、试验	
	穿墙套管例行检修、试验	
	阀塔本体例行检修、试验	分2
	阀控屏柜例行检修、试验	分3
	阀塔电抗器接头例行检修、试验	
	阀塔螺纹水管接头检查例行检修、试验	
	阀塔铂电极检查例行检修、试验	分4
	墙面清灰及建筑物修缮例行检修、试验	分5
	空调系统检修例行检修、试验	
	阀厅红外在线监测系统例行检修、试验	分6

1.2 直流场区域

区域	工作项目	工作面
直流场	直流场设备例行检修、试验	分1
	直流场阀例行试验、试验	分2
	直流场主通流回路检查	分3
	光CT维护	分4
	墙面清灰及建筑物修缮（仅户内直流场）	分5
	空调系统检修（仅户内直流场）	分6
	阀厅红外在线监测系统检修（仅户内直流场）	分7
	工业视频系统检修	分8

1.3 换流变压器区域

区域	工作项目	工作面
换流变压器	换流变压器例行检修	分1
	换流变压器例行试验	分2
	墙面清灰及建筑物修缮	分3
	消防系统检修	分4
	工业及生活水系统检修	分5
	工业视频系统检修	分6
	在线监测系统检修	分7

2、主要风险及交叉点（注意时间、人员）

2.1 在10月12日至24日集中停电检修期间，直流场、换流变压器、阀厅例行检修、试验人员可能存在的交叉风险点：

（1）换流变压器网侧试验对阀厅内检修影响；

（2）穿墙套管一侧例行检修、试验对另一侧检修影响；

（3）直流场、阀厅内一次设备试验对主通流回路检修影响；

（4）作业人员、车辆使用影响（升降平台车、电动斗臂车）；

（5）一次设备检修与二次设备检修。

直流场	换流变压器	阀厅	交叉点
装置检修、试验		装置检修、试验	试验对检修影响
	网侧试验	阀侧设备检修、试验	
设备、主回路检修与试验		设备、主回路检修与试验	人员流动
特种人员、机械	特种人员、机械	特种人员、机械	人员流动
例行检修试验		例行检修试验	与直流保护检修人员流动

图 2-6　交叉作业统计

4. 严格管控特种设备，编制特种设备管控方案，实现人、车定制化

与施工方、监理提前审核 35 台吊车、斗臂车，19 台备用。现场车辆发生故障或停电计划、施工进度变化时，备用车辆检查、报审组织进场。现场吊车、斗臂车等机械采用"一车一定"原则，进行近电距离计算，确定最优检修机械配置分布图，确保大型车辆、吊装作业精准受控。吊车、斗臂车最优检修机械配置如图 2-7 所示。

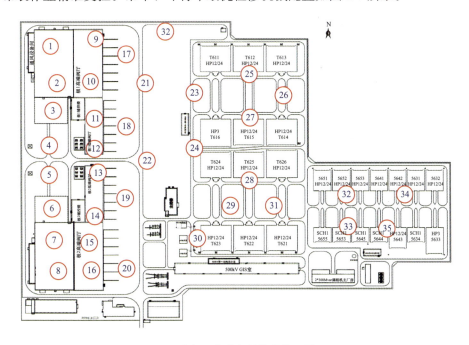

图 2-7　吊车、斗臂车最优检修机械配置

5. 编制防疫方案，明确防疫标准和作业要求

以政府、国网公司防疫规定为依据，编制年度检修防疫管控方案，明确国内高中风险或境外旅居史人员不得参检或核酸检测合格后由参检单位与监理公司盖章签字后方可参加；明确参检本单位人员信息筛查、用车、用餐、住宿及日常防疫等工作；明确各单位完成口罩、消毒液和人体测温设备等防疫物资准备；明确防疫期间工作许可流程。各参检单位按期提供本单位防疫专项方案和疫情管控责任书、参检人员健康评估统计表、个人活动轨迹表（单位公章和单位领导签字），监理审核无误后盖章报送古泉防疫指挥部。±1100kV古泉换流站年度检修防疫方案如图2-8所示，年度检修参检单位防疫审查、备案材料见表2-1。

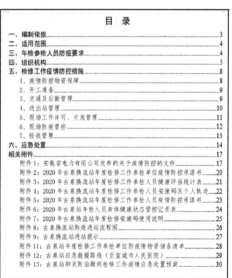

图 2-8 ±1100kV古泉换流站年度检修防疫方案

表 2-1   年度检修参检单位防疫审查、备案材料

序号	提交材料	提交时间	材料接收人
1	参检单位住宿地点、上下班车辆登记	2020.10	国网安徽监理公司、古泉换流站
2	参检单位疫情防控专项方案	2020.09	
3	2020年古泉换流站年度检修工作参检单位疫情防控承诺书	2020.10	
4	2020年古泉换流站年度检修工作参检人员健康评估统计表	2020.10	
5	2020年古泉换流站年度检修工作参检人员安康码及个人轨迹	2020.10	
6	2020年古泉换流站年度检修工作参检人员疫情防控承诺书	2020.10	
7	2020年古泉换流站年检人员身体健康状态管控记录表	2020.10	
8	2020年古泉换流站年度检修工作参检单位防疫情物资储备清单	2020.09	

2.1.4 安全工器具准备

提前一个月完成全站运行、两个检修专业安全带、绝缘梯、绝缘手套、接地线等安全工器具数量和检验合格周期（是否会在年检期间临近过期）梳理，提前送检 8 大类 36 套安全工器具。仔细梳理年检安全标识牌用量，采购在"在此工作！""禁止合闸，有人工作！""从此进出！"等标识牌 3000 块，采购红布幔 300 条，同时考虑长周期作业标识牌维护方便另行采购贴纸类标识牌 2000 块，进一步降低标识牌管理工作量。排查检修作业中接地线使用量，滤波场、500kV 设备区、调相机设备区使用地线较多，兄弟单位支援地线 9 组（特高压芜湖站 6 组、宣城运维分部敬亭变电站 3 组），确保年检期间地线数量充足。

2.1.5 梳理增补 "三种人" 资质， 确保关键人员充足

古泉换流站原有三种人（工作票签发人、工作负责人、工作许可人）共 23 人，其中运维一值工作许可人 6 人，运维二值工作许可人 6 人，一次设备检修班工作负责人 3 名，二次设备检修班工作负责人 4 人，辅助设备检修班工作负责人 4 人。

结合年检大型检修现场需求，提前进行人员资质审查，开展三种人（工作票签发人、工作负责人、工作许可人）培训，进行资质增补考核后上报公司完成 4 人增补，三种人储备至 27 人。古泉换流站各班组三种人配置情况如图 2-9 所示。

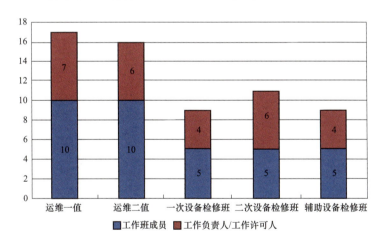

图 2-9 古泉换流站各班组三种人配置情况

2.2 安 全 过 程 管 控

2020 年 9 月 29 日～10 月 24 日古泉换流站年度检修共包含作业计划 87 项，其中四级

风险 2 项，主要内容为古泉换流站调相机年度检修，1000kV GIS T023 断路器 A 相、T031 断路器 A 相屏蔽罩检查；三级风险 41 项（含分票 28 项），主要内容为古亭 5308 线转检修、极 1 户内直流场、极 2 户内直流场、户外直流场检修预试等；二级风险 44 项。

2.2.1 年度检修风险评估与管控

1. 年度检修周计划审核与风险评估发布

（1）周作业计划编制、审批情况。周作业计划由施工单位——古泉换流站编制，由超高压公司运检部、安监部审核，报国网安徽公司批准。

（2）风险评估情况。对照周计划由古泉换流站编制周风险管控计划，并上报超高压公司安监部。古泉换流站周风险管控汇报如图 2-10 所示。

古泉换流站安全风险管控工作情况汇报
（第 43 周）

一、下周安全风险管控计划（10 月 19 日至 10 月 26 日）

（一）电网风险：下周共安排停电计划 2 项，五级电网风险 0 项。

（二）作业风险：下周预安排现场作业计划 87 项，其中四级作业风险 0 项，三级作业风险 11 项，二级作业风险 44 项。主要是三级作业风险和重要二级作业风险

作业风险 1：总票：1 号和 2 号调相机主机及其相关系统设备检修试验（含 8 项分票），三级作业风险（10 月 14 日-11 月 12 日）

管控措施：

1. 10 月 14 日-11 月 12 日，古泉换流站检修技术专责到岗到位。

2. 关键时段重点管控内容：

主要作业风险：1. 工作班成员超范围工作，误入带电间隔；2. 工作负责人在工作期间擅自离开工作现场；3. 工作人员在工作区域抽烟或使用火源；4. 工作中不注意与设备带电部分保持足够安全距离；5. 高处作业未做好防坠落措施；6. 挂地线未验电，地线不合格；7. 人员感染；8. 不具备特种作业资质，吊车未做好支撑、未做好接地，未有明确指挥，与带电设备保持距离不够，未做好防感应电措施；9. 调相机厂房楼梯、台阶、构架、爬梯、脚手架，人员有坠落、踏空风险；11. 调相机作业存在旋转设备机械伤害、感应电触电风险。

防控措施：1. 应在指定区域工作，作业人员由监理、工作负责人、工

— 1 —

图 2-10　古泉换流站周风险管控汇报

（3）作业计划公示。国网安徽公司召开第 28 次安全风险管控工作督查会议，对 ±1100kV 古泉换流站年度检修作业风险进行审核评估，并形成会议纪要。古泉换流站按照规定将年检周计划上传公司官网进行公示。作业计划公示如图 2-11 所示。

序号	单位	停役设备或范围	是否计划停电	电压等级	主要工作内容	计划开工时间	计划完工时间	具体工作地点	作业班组（施工单位）	作业风险等级
1	古泉站	主设备：极Ⅱ低端换流器检修 其他设备：T031断路器冷备用，T032断路器冷备用	是	±1100kV	极2低端直流控制保护系统例行检修、消缺、软件升级	2021/3/21 8:00	2021/3/26 20:00	古泉站	二次检修班、南瑞继保	二级
2	古泉站	主设备：极Ⅱ低端换流器检修 其他设备：T031断路器冷备用，T032断路器冷备用	是	±1100kV	极2低端阀组及阀控系统设备检修、消缺	2021/3/21 8:00	2021/3/26 20:00	古泉站	二次检修班、西电	三级
3	古泉站	主设备：极Ⅱ低端换流器检修 其他设备：T031断路器冷备用，T032断路器冷备用	是	±1100kV	极2低端阀水冷系统检修、消缺	2021/3/21 8:00	2021/3/26 20:00	古泉站	辅助检修班、许继晶锐	二级
4	古泉站	主设备：极Ⅱ低端换流器检修 其他设备：T031断路器冷备用，T032断路器冷备用	是	±1100kV	极2低端换流变及进线区域、阀厅部分设备检修预试、消缺	2021/3/21 8:00	2021/3/26 20:00	古泉站	安徽送变电	三级
5	古泉站	主设备：极Ⅱ低端换流器检修 其他设备：T031断路器冷备用，T032断路器冷备用	是	±1100kV	极2低端换流变和阀厅消防检修、消缺	2021/3/21 8:00	2021/3/26 20:00	古泉站	安徽送变电	三级
6	古泉站	主设备：极Ⅱ低端换流器检修 其他设备：T031断路器冷备用，T032断路器冷备用	是	±1100kV	极2低端换流变和阀厅在线监测系统检修、消缺	2021/3/21 8:00	2021/3/26 20:00	古泉站	安徽送变电	三级
7	古泉站	主设备：极Ⅱ低端换流器检修 其他设备：T031断路器冷备用，T032断路器冷备用	是	±1100kV	极2低端阀厅空调及通风系统检修、维护	2021/3/21 8:00	2021/3/26 20:00	古泉站	安徽送变电	三级
8	古泉站	主设备：极Ⅱ低端换流器检修 其他设备：T031断路器冷备用，T032断路器冷备用	是	±1100kV	极2低端阀厅内墙壁清灰、修缮在线监测系统检修、消缺	2021/3/21 8:00	2021/3/26 20:00	古泉站	安徽送变电	三级
9	古泉站	主设备：极Ⅰ低端换流器检修 其他设备：T022断路器冷备用，T023断路器冷备用	是	±1100kV	极1低端直流控制保护系统例行检修、消缺、软件升级	2021/3/27 8:00	2021/4/1 20:00	古泉站	二次检修班、南瑞继保	二级
10	古泉站	主设备：极Ⅰ低端换流器检修 其他设备：T022断路器冷备用，T023断路器冷备用	是	±1100kV	极1低端阀组及阀控系统设备检修、消缺	2021/3/27 8:00	2021/4/1 20:00	古泉站	二次检修班、ABB	三级
11	古泉站	主设备：极Ⅰ低端换流器检修 其他设备：T022断路器冷备用，T023断路器冷备用	是	±1100kV	极1低端阀水冷系统检修、消缺	2021/3/27 8:00	2021/4/1 20:00	古泉站	辅助检修班、许继晶锐	二级
12	古泉站	主设备：极Ⅰ低端换流器检修 其他设备：T022断路器冷备用，T023断路器冷备用	是	±1100kV	极1低端换流变及进线区域、阀厅部分设备检修预试、消缺	2021/3/27 8:00	2021/4/1 20:00	古泉站	安徽送变电	三级
13	古泉站	主设备：极Ⅰ低端换流器检修 其他设备：T022断路器冷备用，T023断路器冷备用	是	±1100kV	极1低端换流变和阀厅消防检修、消缺	2021/3/27 8:00	2021/4/1 20:00	古泉站	安徽送变电	三级
14	古泉站	主设备：极Ⅰ低端换流器检修 其他设备：T022断路器冷备用，T023断路器冷备用	是	±1100kV	极1低端换流变和阀厅在线监测系统检修、消缺	2021/3/27 8:00	2021/4/1 20:00	古泉站	安徽送变电	三级
15	古泉站	主设备：极Ⅰ低端换流器检修 其他设备：T022断路器冷备用，T023断路器冷备用	是	±1100kV	极1低端阀厅内墙壁清灰、修缮在线监测系统检修、消缺	2021/3/27 8:00	2021/4/1 20:00	古泉站	安徽送变电	三级
16	古泉站	主设备：极Ⅰ低端换流器检修 其他设备：T022断路器冷备用，T023断路器冷备用	是	±1100kV	极1低端阀厅空调及通风系统检修、维护	2021/3/27 8:00	2021/4/1 20:00	古泉站	安徽送变电	三级

图 2-11 作业计划公示

2. 日进站作业计划管控

由于年度检修每日作业面广、作业范围大、人员多，为进一步加强日计划管控，联合监理、施工方建立"年检进站作业计划管控"微信群，根据日计划，明确每日、每项作业对应的工作负责人、工地监督人、监理人员，明确进站时间、顺序、人数、工作范围，同时集中反馈每项工作票状态（收工、验收、完工），确保每日进站作业每个环节可控、在控、能控。古泉换流站年检每日进站作业管控如图 2-12 所示。

日期	序号	工作票号	人数	工作地点+内容	计划工作时间	进站时间
		±1100kV古泉换流站2020年检每日作业管控1015				
10月15日	1	古泉站-安徽送变电工程有限公司电气施工队20201012001(3人)	3	极2高低端阀厅换流变区域;极2高低端换流变压器区域检修	10.12-10.24(12天)	7:30
		分票1阀厅换流阀检修(42人)	42	极2高低端阀厅换流变压器区域;极2高低端阀厅换流阀检修	10.12-10.24(12天)	7:30
		分票2极2高低端换流变检修(32人)	32	极2高低端阀厅换流变压器区域;极2高低端换流变检修	10.12-10.22(10天)	7:30
		分票3极2高低端换流冷设备检修(26人)	26	极2高低端阀厅换流变压器区域;阀冷却设备检修	10.12-10.16(4天)	7:30
	2	古泉站_-安徽送变电工程有限公司电气施工队20201012003(4人)	4	直流场区域;直流场设备检修	10.12-10.24(12天)	7:30
		分票1极1户外直流场检修(13)	13	直流场区域;极1户内外直流场检修	10.12-10.21(9天)	7:30
		分票2户外直流场调试(18)	18	直流场区域;极1户内外直流场设备调试	10.12-10.21(9天)	7:30
		分票3户内外直流场检修(24)	24	直流场区域;极2户内外直流场检修	10.12-10.21(9天)	7:30
		分票4多联机空调检修(12人)	12	直流场区域;直流场多联机空调检修	10.12-10.16(4天)	7:30
	3	古泉站_-安徽送变电工程有限公司电气施工队20201012004(46人)	46	100万交流场;设备检修	10.12-10.21(9天)	7:30
	4	古泉站_-安徽送变电工程有限公司电气施工队20201012005(61人)	61	100万滤波器场;100万滤波场检修	10.12-10.21(9天)	7:30
	5	古泉站_-安徽送变电工程有限公司电气施工队20201012006(24人)	24	500小组滤波器场;设备检修	10.12-10.21(9天)	7:30
	6	古泉站_-安徽送变电工程有限公司电气施工队20201012007(2人)	2	极2辅控楼区域;蓄电池充放电试验	10.12-10.19(7天)	7:30
		古泉站_-安徽送变电工程有限公司电气施工队20201012008(2人)	2	极2辅控楼区域;蓄电池充放电试验	10.12-10.19(7天)	7:30
	7	古泉站_-安徽送变电工程有限公司电气施工队201011001(2人)	2	全站区域;沉降观测	10.12-10.31(18天)	7:30
	8	古泉站_-安徽送变电工程有限公司电气施工队20201012009(2人)	2	主控楼;蓄电池充放电试验	10.12-10.16(4天)	7:30
	9	古泉站_-安徽送变电工程有限公司电气施工队20201012001(5人)	5	极1阀厅换流变压器;极1阀厅换流变压器检修	10.12-10.24(12天)	7:30
		分票1极1高低端阀厅换流阀检修(22人)	22	极1阀厅及换流变区域;极1高低端阀厅换流阀检修	10.12-10.24(12天)	7:30

图 2-12 古泉换流站年检每日进站作业管控

2.2.2　年度检修队伍资质审核

2020 年年度检修队伍资质审查由超高压公司负责审核制度，之后移交至古泉换流站现场办理审查。按照公司进站施工审查流程，古泉换流站对 2020 年年度检修施工单位进行资质、黑名单审查，最终确定 2020 年年检的参检单位总包队伍为安徽送变电工程有限公司（以下简称"安徽送变电"）；涉及分包单位 3 家，分别为合肥胜峰建筑安装有限公司、武汉久林电力建设有限公司、河南新丰源送变电工程有限公司（以下简称"新丰源送变电"）；监理公司为安徽省电力工程监理有限责任公司（以下简称"安徽监理"）。经审查，以上 4 家单位资质齐全，为国网公司核心分包队伍，非黑名单队伍。进站施工单位资质审核如图 2-13 所示。

2020年年度检修进场施工手续登记表											
项目名称	项目性质	建设（发包）	工作所属单位	三措一案	安全协议	考试证明原件	身份证复印件	体检证明	人身意外保险	安全生产承诺书	人员数量	施工单位	工作计划时间
安徽宣城古泉±1100kV换流站首检项目	大修	运检部	古泉换流站	√	√	√	√	√	√	√	10	安徽送变电工程有限公司	2022-08-25至2022-12-31
施工单位具体信息											
施工企业名称	法人代表姓名	建筑施工资质序列（施工总承包/专业承包/施工劳务）	建筑施工资质类别	建筑施工资质等级	建筑施工资质有效期结束日	承装电力设施许可资质等级	承修电力设施许可资质等级	承试电力设施许可资质等级	安全生产许可证许可范围	安全生产许可证有效期结束日
安徽送变电工程有限公司	汪宏	D134094162	电力工程施工总承包	壹级	2021年6月28日	壹级	壹级	壹级	2023年5月17日	2022年12月17日

图 2-13　进站施工单位资质审核

1. 总包队伍：安徽送变电工程有限公司

（1）分包类型：总包。

（2）队伍资质：国家一级施工总承包企业，主要从事 500kV 及以上电压等级输电线路架设、运行和检修；变电站土建施工及电气设备安装、调试；工业与民用建筑施工；铁塔构件、钢管塔加工，混凝土电杆、管桩制造与施工；大型设备运输和电力通信光缆施工。经中华人民共和国商务部批准，公司具有对外经营权。

2. 分包队伍 1：合肥胜峰建筑安装有限公司

（1）分包类型：劳务分包。

（2）队伍资质：建筑工程施工总承包三级资质、电力工程施工总承包三级资质、市政公用工程施工总承包三级资质、输变电工程专业承包三级资质、承装（修、试）电力设施许可证。

3. 分包队伍 2：河南新丰源送变电工程有限公司

（1）分包类型：劳务分包。

（2）队伍资质：住房和城乡建设部输变电工程施工专业承包二级、施工劳务不分等级资质，国家能源局河南监管办公室许可证承装三级、承修三级、承试五级资质。

4. 分包队伍 3：武汉久林电力建设有限公司

分包类型：劳务分包

队伍资质：建筑工程施工总承包三级，电力工程施工总承包三级、输变电工程专业承包三级。

分包队伍均为国网公司核心分包队伍，非黑名单队伍。查询结果如图 2-14 所示。

图 2-14　核心分包队伍查询结果

5. 监理单位：安徽省电力工程监理有限责任公司

监理资质符合要求，监理项目部已对施工合同及劳务分包合同内容进行审查。

2.2.3　年度检修人员安全教育和资质审查

经前期分析，由于年度检修入场规模大、批次分散，为加快人员资质审查，便于项目部和施工方对接，由超高压公司安监部授权古泉换流站现场办理人员资质审核和审批。

针对现场有限空间、开关柜、吊车作业等高风险环节，利用视频开展安全教育，提升培训效果，将作业流程、风险、管控等制成二维码，供入场人员扫码学习。有限空间、吊装作业视频教育二维码如图 2-15 所示。

图 2-15　有限空间、吊装作业视频教育二维码

充分利用作业风险管控 App 培训资源，全部实施线上安全培训和安规考试。累计审核安徽送变电、安徽监理等单位人员资质 975 份，核发出入证 975 份。出入证办理统计如图 2-16 所示。

古泉换流站年度检修入场办理统计				
序号	入场项目	单位	人数	办理时间	备注
1	首检项目（辅助设施第一批）	安徽送变电	20	8月24日	
2	项目监理	安徽监理	12	8月27日	
3	首检项目（谐波监测）	安徽送变电	40	9月4日	
4	首检项目（电气A包）	安徽送变电	60	9月4日	
5	安徽电科院技术监督	安徽送变电	24	9月4日	
6	首检项目（电气A包第一批）	安徽送变电	93	9月4日	
7	首检项目（电气A包第二批）	安徽送变电	107	9月9日	
8	首检项目（土建）	安徽送变电	45	9月10日	
9	首检项目（调相机第一批）	安徽送变电、上海电气	53	9月11日	
10	首检项目（调相机第二批）	安徽送变电、上海电气	53	9月12日	
11	年度检修（直流公司消缺）	直流建设公司	62	9月13日	
12	首检项目（辅助设施第二批）	安徽送变电	52	9月14日	
13	首检项目（消防系统）	安徽送变电、科大立安	32	9月14日	
14	首检项目（电气A包第三批）	安徽送变电	89	9月15日	
15	首检项目（电气A包第四批）	安徽送变电	91	9月29日	
16	首检项目（调相机第三批）	安徽送变电、上海电气	53	10月3日	
14	首检项目（电气A包第五批）	安徽送变电	89	10月15日	
合计			975		

图 2-16　出入证办理统计

针对现场特种作业种类多，对高处作业、电焊、无损检测、施工机械操作及指挥人员共9类工种221人（含一人多工种累加情况）进行特种作业资质审查备案，建立特种作业档案。

2.2.4　年度检修现场管控

1. 现场勘察与方案校核

9月7日，国网安徽公司、超高压公司、安徽送变电、各技术服务厂家和站内检修及运维人员进行现场勘查。现场勘查组织会、现场勘查、勘查记录如图2-17所示。

图 2-17　现场勘查组织会、现场勘查、勘查记录

23项总体施工方案、有限空间等专案完成编制、审批。±1100kV古泉换流站年度检修施工方案中关于吊车距离、行车负荷率、起吊钢丝绳强度和长度、用电负荷等计算

已校核无误。计算校核如图 2-18 所示。

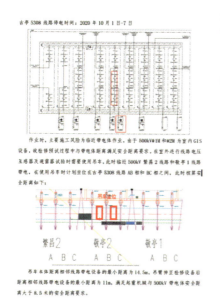
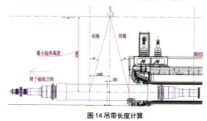

图 2-18　计算校核

2. 特种设备与安全工器具检查

检修前协调配置 35 台吊车、斗臂车，19 台备用。现场车辆发生故障或停电计划、施工进度变化时，备用车辆检查、报审组织进场。对现场勘查明确最优停车点，实现特种机械定制化管理。

联合监理单位对施工方安全工器具 8 大类 2777 件进行审查备案。安全工器具台账与检验、检测报告如图 2-19 所示。

安全工器具台账			
序号	名称	单位	数量
1	吊带	副	17
2	安全帽	顶	1200
3	安全带	条	200
4	接地线	根	60
5	安全围栏	m	1000
6	安全警示带	盘	100
7	红马甲	件	200

图 2-19　安全工器具台账与检验、检测报告

3. 现场危险点及控制措施

（1）根据现场运行方式变化专人负责现场硬质围栏装设，全面区分运行带电设备。作业现场设置每日安全管控信息看板，"小展板、护航大安全"。每个作业面设置工地监督人全程跟踪现场施工进度，以保证检修质量和安全秩序。现场危险点安全管控如图 2-20 所示。

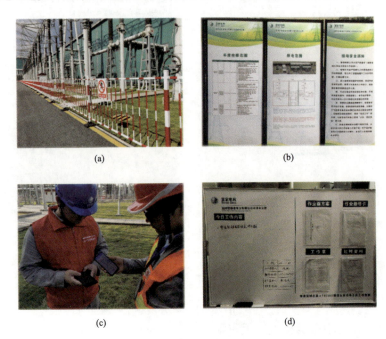

图 2-20　现场危险点安全管控

（a）现场硬质围栏安装；（b）年检作业信息综合展板；

（c）工地监督人使用 App 进行现场督察；（d）各作业面信息看板

（2）根据检修工作内容和前期现场勘察情况，辨识出高压触电（含感应电）、高空坠落、物体打击、机械伤害、有限空间作业、危化品、网络安全、疫情防控 8 个关键风险点，共制定管控措施 38 项。8 个关键风险点如图 2-21 所示。

图 2-21　8 个关键风险点

1）高压触电（含感应电）。涉及全部作业面，此关键风险点管控措施有 6 项。

a. 由工作负责人、工地监督人、监理人员负责每日组织各作业面作业人员进行安全交底、列队进入工作地点，分小组设小组监护人，对工作班成员全过程监护。

b. 根据运行方式变化每日在作业现场设置安全管控展板，明确各作业面范围和带电设备范围，做好带电部位与检修设备间硬隔离。

c. 工作负责人、工地监督人、监理人员、到岗到位、安全督查人员"同进同出"。

d. 特种车辆进入或移动实行"专人领入、固定路线、固定地点"，严格保持安全距离。

e. 500kV 间隔、滤波场轮停进行引线拆除、隔离开关试分合时，提前做好验电、挂地线，工地监督人、工作负责人、监理要认真核查作业区域在接地线保护范围内；同时监督作业人员正确使用个人保安线，确保不失去接地保护。

f. 严禁用手直接接触裸露的导线，严禁使用没有绝缘手柄的螺丝刀等工器具。

2）高空坠落。涉及 14 个作业面，此关键风险点管控措施有 7 项。

a. 确保安全带检验合格。正确使用安全带，严禁低挂高用，严禁将安全带系在不牢固的物件上。

b. 使用梯子时，梯子应安置稳固，单梯与地面夹角应约为 60°，人字梯限开拉链应完全张开，有专人扶梯。

c. 使用脚手架或升高车进行登高作业，同一脚手架和升高车内作业人员不得超过限额。

d. 断复引、一次设备部件拆装、传递物品时使用绳索或专用吊具，严禁上下抛掷。

e. 严禁踩踏、倚靠绝缘子。

f. 加强脚手架等登高设施的防护及检查，设置专人监护。

g. 高处作业时采用工具袋收装工具盒、拆卸螺栓等物件，较大的工具应用绝缘绳拴在牢固的构件上，防止高空坠物伤人及损坏设备。

3）物体打击。涉及 14 个作业面，此关键风险点管控措施有 4 项。

a. 进入施工现场必须正确穿戴安全帽和其他个人防护用品。

b. 禁止将工具及材料上下投掷，应用绳索拴牢传递。高处作业应使用工具袋，防止工器具掉落。

c. 严禁在起吊重物、吊车吊臂下站立或行走。

d. 使用撬杠时，不能用力过猛，防止滑杠伤人及碰撞设备。

4）机械伤害。涉及 14 个作业面，此关键风险点管控措施有 4 项。

a. 真空机、SF_6 回收装置等大型机具由专人进行操作、监护，严格按照操作要求进行作业。

b. 吊车、行车等特种设备应由具备资质的特种人员操作，并设专人指挥。

c. 吊车作业区域设置围栏，并悬挂警示标示牌，吊臂及重物下方严禁站人。

d. 吊车等其他起重工具的工作负荷不得超过铭牌规定，严格遵守"十不吊"原则，设立专人指挥。

5）有限空间作业。涉及 2 个作业面，此关键风险点管控措施有 5 项。

a. 坚持"先通风、再检测、后作业"的原则，分析气体种类、评估、监测、记录。

b. 出入口应保持畅通并设警示标志，设专责监护人，并与作业人员保持联系。

c. 作业前和离开时应准确清点人数。

d. 作业中断超过 30min，应当重新通风，检测合格后方可进入。

e. 组织作业人员观看有限空间作业示范片。气体检测仪如图 2-22 所示，有限空间作业安全示范片可扫描图 2-23 所示二维码观看。

图 2-22　气体检测仪　　　　图 2-23　有限空间作业安全示范片二维码

6）危化品。涉及 2 个作业面，此关键风险点管控措施有 5 项。

a. 实行领取使用、专人保管制度。

b. 作业人员正确穿戴个人防护用品。

c. 现场配备必要的医护物品。

d. 妥善处理废旧危化品，防止造成环境污染。

e. 配备充足的灭火器材，防止火灾。

7）网络安全。涉及全部作业面，此关键风险点管控措施有 4 项。

a. 提前在内网电脑 USB 接口、小室内网线接口粘贴警示标签。

b. 为 OWS 主机 USB 接口加装防护罩，做好物理隔离措施。

c. 加强参检单位网络安全教育，签订网络安全告知书，督促履行安全防控措施。

d. 严禁擅自将未经审核通过的笔记本电脑连接控保、自动化等装置。

网络安全管控措施如图 2-24 所示。

8）疫情防控。涉及全部作业面，此关键风险点管控措施有 3 项。

a. 严格执行古泉换流站防控预案有关规定，监理、施工方每日上报健康日报。

b. 由施工方负责人负责场地消杀，人员开工、用餐、休息按照开工前方案设定固定

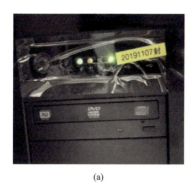
(a)

(b)

(c)

图 2-24　网络安全管控措施

（a）物理隔离措施；（b）执行记录；（c）网络安全承诺书签订

地点、固定车辆，并列入施工方案。

c. 进站核对安康码、行程码，测温、戴口罩，保持安全距离，并将以上要求纳入工作票安全措施，并逐人逐项检查，监理单位负责监督，反馈给各工地监督人。疫情防护管控措施如图 2-25 所示。

4. 反违章管理

针对年检参检单位多、参检人数多及大型机具多的特点，成立三级安全管控网，每日在安全管控中心、年检现场对监管区域内所有工作面开展监督检查，监督现场安全工作组织和实施情况、安全措施执行和防护情况、两票执行情况、作业指导书执行情况、

(a)

图 2-25　疫情防护管控措施（一）

（a）进站管控围栏、一体化人脸红外测温机部署

(b)

图 2-25　疫情防护管控措施（二）

（b）进站防疫展板

人员安全防护措施落实情况等。超高压公司安监部、安徽监理、施工方组建"2020 古泉年检反违章"微信群，用于通报现场违章和安全问题，对检修工作现场任何不安全行为进行警告和制止，及时发现、纠正、制止违章现象，对发现的一般违章，对现场违章人员进行整改、教育后恢复工作；严重及以上违章，采取停工整改，相应人员现场考试合格后方可恢复工作；发生重复一般违章的人员，应根据违章分析结果和安全责任清单追究其责任，并加大对责任人的管控力度。年检发现违章问题均按照公司反违章管理办法进行通报、罚款。

2.3　安全管理亮点

2.3.1　编制安全口袋书和反违章标准，实现安全随手装

1. 编制安全口袋书，实现安全教育普及

将 13 项风险点进行总结，归纳人、吊车安全距离，针对吊车、开关柜、有限空间等高风险项目制作了教育小视频，并在安全口袋书中以二维码形式表示，制作行为对照检查漫画，实现安全入心、随手可查。年检安全口袋书如图 2-26 所示。

2. 明确年检反违章规范和再教育机制

提前联合监理、施工方依据国网安徽公司反违章标准确认年检黑名单以及安全再教育制度，并上墙公示。年检反违章管理规定如图 2-27 所示。

图 2-26　年检安全口袋书

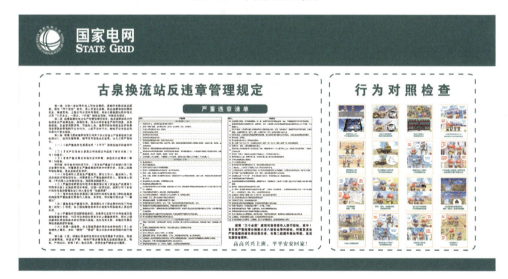

图 2-27　年检反违章管理规定

2.3.2　科技创新应用，提升安全管控效率

1.增设红外人脸识别一体机，实现防疫与出入管控智能化

针对年度检修防疫、出入证审核与参检单位多、人员多等现状，为提升进站效率，古泉换流站提前增设人脸识别与红外测温一体机系统 2 套，2s 实现身份识别和测温，确保进站效率和防疫安全，组织 100 人进站实测仅需 3min。针对庞大检修队伍，新手段智慧识别省时省力。人脸识别与红外测温一体机系统、100 人进站时间测试分别如图 2-28、图 2-29 所示。

图 2-28　人脸识别与红外测温一体机系统

图 2-29　100人进站时间测试

2. 部署移动球机、数字换流站，建设助力智慧安全管控

古泉数字化换流站作为国网公司试点已初步建成，797个摄像头全方位监控、16个移动球机机动部署覆盖全作业面，智能分析作业人员、区域、人员身份，实现作业全过程监管、全过程可追溯。启用智慧安全管控中心，安排人员每日值班，实时远程稽查67个年检子作业面。智慧安全管控中心年检值班作业面督查如图2-30所示。

图 2-30　智慧安全管控中心年检值班作业面督查

3 首检运维管理

古泉换流站为保质保量完成首检各项工作，提前组织召开推进会，编制科学详细的工作方案，制定检修现场安全、进度、质量管控措施，细化关键环节、高风险作业、车辆及工器具等内容，强化停电计划管控，编制安全口袋书、检修手册，完成"两票"准备，确保检修工作按时间节点推进，保障现场工作可控、能控、在控；制定"一票三卡一方案"，以"早、全、严、细、实"的工作原则全面梳理站内设备缺陷、隐患和反措项目等检修工作内容，并全部纳入首检工作，做到"应修必修，修必修好"。全体运行人员始终坚持高标准、严要求，高质量、高效率地完成各个节点任务。

首检期间，古泉换流站合理组织安排，将工作细化到每天每项；充分发挥全员作用，专项工作专人负责；主动推动工作，从运行专业把控整体首检工作流程和秩序；优化工作流程，在保证现场工作有序开展的前提下，合理安排人员，保证运行人员精力，保障各项工作质量。共执行操作任务 180 个、操作步骤 7621 项，办理工作票72 张，全程管控作业现场 52 个。有效配合、管控完成全站设备检修与维护，累计开展例行检修 6652 项、技术改造 6 项、隐患治理 13 项、特殊性检修 8 项，消除缺陷338 条。

3.1 首检运维策划

3.1.1 准备情况

（1）古泉换流站高度重视首检工作，结合四阀组轮停管控经验以及兄弟单位换流站年检安全管控经验，组织编制《±1100kV 古泉换流站 2020 年年度检修运行管理工作方案》；梳理现场工作，明确责任分工，剖析现场作业风险及疫情防控要求，紧抓首检"外委人员多、特种作业多、作业面多、专业多"等关键风险管控，紧盯"管住计划、管住队伍、管住人员、管住现场"工作要求，严守"应修必修，修必修好"原则，实现防疫和安全生产双胜利；明确年度检修期间的技术措施、安全措施、运行值班安排、运行监盘要求、设备巡视要求、运维管控措施、倒闸操作管理、检修工作管理、设备复役等内容。古泉换流站年度检修运行管理工作方案如图 3-1 所示。

国家电网
STATE GRID
国网安徽省电力有限公司检修分公司
STATE GRID ANHUI MAINTENANCE COMPANY

±1100kV 古泉换流站
2020 年年度检修运维工作方案

国网安徽省电力有限公司检修分公司

2020 年 08 月

±1100kV 古泉换流站年度检修运维工作方案

国网安徽省电力有限公司±1100kV 特高压古泉换流站计划于 2020 年 10 月 11 日至 10 月 25 日（内部按照 13 天工期管控）期间开展年度检修工作，计划完成 99 个例行检修项目、8 项特殊性检修、6 项技改项目、20 项隐患治理、31 项消缺、8 项技术监督、26 项重点检查验证项目、3 项基建遗留整改项目。主要工作内容覆盖全站一、二次设备（含调相机）及辅助设备，16 大检修区域、67 个作业面，为保证现场运维工作安全有序开展，特制定本方案。

一、 概况

本次古泉换流站年度检修为吉泉工程投运以来第 1 次年度大修，参检人数 685 余人，作业面 67 个，面临防疫、安全生产双重考验。国网安徽检修公司高度重视古泉换流站年度首检，在安徽省公司的指导下，结合上半年四阀组轮停管控经验以及兄弟单位换流年检安全管控经验，检修公司组织编制《古泉站年度检修运维工作方案》，梳理现场工作，明确责任分工，剖析现场作业风险及疫情防控要求，结合现场生产实际，通过实施"三个在线"，多举措确保安全生产。检修公司将全力践行"三先"理念，围绕"接收好、运维好、当标杆"工作要求，牢固树立"四个最"意识，落实安全责任，紧抓首检"外委人员多、特种作业多、作业面多、专业

1

图 3-1 古泉换流站年度检修运行管理工作方案

（2）梳理需要结合年度检修开展实施的技术改造项目 3 项（换流变压器智能巡检平台建设、实物 ID 标签整改、交流滤波器场地坪维护），提前联系厂家安排具体负责人员，确定各个技术改造项目实施方案，明确站内技术改造项目负责人，结合停电计划合理安排每日工作内容，保证项目顺利推进。

（3）首检工作期间，为保证现场安全可控，采用硬质围栏将作业区域和运行区域充分隔离；外单位人员集中凭证件出入，严格人员进出变电站和设备区域管理；按照停电计划、检修内容，绘制分时段安全措施布置图 11 个，确保检修期间无论停电范围如何改变都正确指引 38 家施工单位共 976 名参检人员安全、有序地抵达工作地点开展工作，起到了良好的警示和引导作用，11 个安全措施布置图为 1 号调相机检修隔离区域图 1 个、集中停电检修图 7 个、调相机与古峨 5733 线检修隔离区域图 1 个、调相机检修隔离区域图 1 个、2 号调相机检修隔离区域图 1 个。古泉换流站年度检修安措布置如图 3-2 所示。

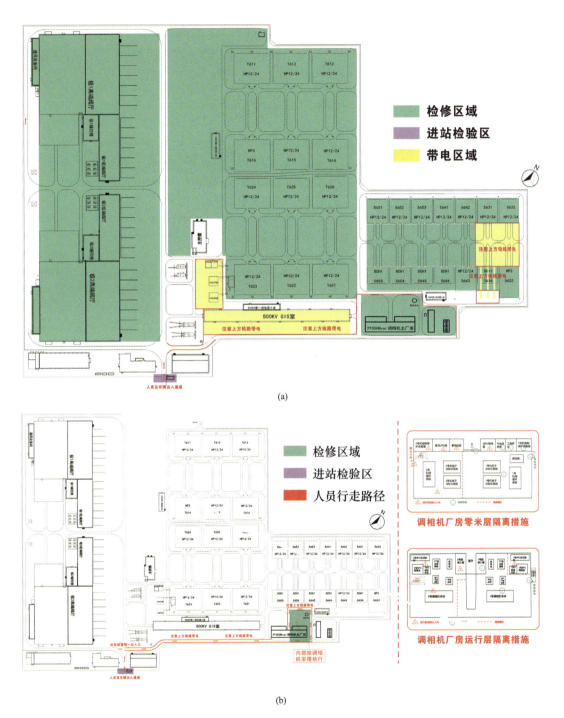

图 3-2　古泉换流站年度检修安措布置

（a）集中停电检修隔离区域；（b）1 号调相机检修隔离区域

（4）提前编制设备投运前检查表共 3 大类，26 个主表涵盖全站所有一次设备、二次设备、辅助设备的状态检查，确保设备投运前符合相关规程和实际要求。按照停电计划精心组织投运前检查工作，具体到人，确保每一台设备复役前都能高效率完成投运前检查工作，做好设备复役前的最后一次“体检”。古泉换流站年度检修投运前检查表如图 3-3 所示。

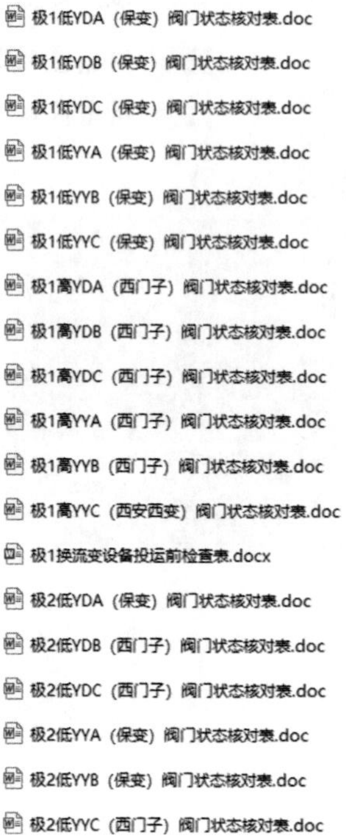

极 1 高 YYA 换流变电站投运前检查表

站名：± 1100kV古泉换流站

待投运设备：T1111B　A相换流变电站区域设备					
序号	区域	检查项目		执行情况	备注
1	T1111B　A相换流变电站	分接头档位为：			
		换流变电站分接头控制屏分接头控制为“就地”自动”			
		检查验收记录、油位、温度及其定值正常			
		检查验收记录、套管油位正常			
		汇控柜内空气断路器开均投入			
		检查验收记录、本体保护正常			
		检查验收记录、各阀门位置正常			
		冷却器外观无异常、无悬挂物			
		本体	现场清洁无杂物、无悬挂物		
			一次设备连接正常		
			变压器本体外观清洁、无渗漏油、无锈蚀		
			套管外观良好，无严重污秽，套管油位为：		
			本体油位为：		
			油枕油位为：		
			油温表为：		
			阀侧绕组温度表为：		
			网侧绕组温度表为：		
			呼吸器电源指示灯运行正常，报警指示灯不亮		
			爬梯防止误登装置锁闭正常，标识牌完整		
		控制柜	外观无异常，无渗漏油		
			柜内加热器电源空开在合闸位置，温控器、加热器投入运行正常		
			控制柜孔洞封堵严密，无严重凝露和积水		
			控制柜柜门已关闭，密封良好		
		避雷器	引线连接良好		
			计数器外壳完整、密封良好		
			均压环牢固，无脱落、变位		
			泄漏电流指示指针在零位置		
			动作次数为：		
		穿墙套管	检查：套管完好清洁无损伤		
			阀侧套管压力为：		
			网侧套管压力为：		
			法兰与本体接地良好		

图 3-3　古泉换流站年度检修投运前检查表

（5）围绕大修期间工作编制安全口袋书、安全折页、安全宣传栏，制定安全口袋书，从实用性和指导性出发，将工作现场易出现的违规行为用简洁易懂的语言按区域、岗位等要素进行描述划分。

（6）提前做好施工人员、车辆的进站管理。加强设备、工器具台账审核登记管控，优化车辆报审流程。增设 2 套人脸识别与红外测温一体机系统，确保进站效率和防疫安全。

（7）提前梳理接地线、标示牌和安全围栏等安全工器具是否充足完好，保证安全工器具种类齐全、数量充足、质量合格。

（8）组织开展安全交底、协调会。首检前古泉换流站组织开展直流设备首检技术、安全交底会议，对直流设备大修关键作业工作计划进行宣贯，并对一次、二次安全隔离措施、技术措施进行交底，并开展开工前安全知识教育培训，对现场安全管控的各个重点环节进行再提醒，强调守牢安全生产生命线，夯实现场安全管控。分专业、有计划地组织施工单位、监理单位、设备厂家召开“线上＋线下”协调会，讨论首检各阶段工作安排、需要协调的问题、消缺工作等，用更实的措施、更细的管理确保按期高质量完成检修工作。

（9）关口前移，主动组织工作票集中审核，督促施工单位提供典型工作票，提前完成工作票审核，编制硬隔离措施，开展工作票预许可，工作许可人与工作负责人一一对接，到现场逐一核对设备双重名称、位置，提高首日工作票许可的效率，确保年检工作及早开工。

（10）提前完成294条缺陷的梳理工作。按极1区域，极2区域，直流场及接地极区域，1000kV设备区（含GIS、交流滤波器），500kV GIS区域，500kV交流滤波器区域，消防系统，直流控保、二次保护及站用交直流系统等八大工作区域明确缺陷跟踪责任人，保证每条缺陷都有人跟踪，方便掌握大修期间消缺工作的具体进展情况。缺陷跟踪统计安排如图3-4所示。

首检期间缺陷跟踪统计表

序号	区域	缺陷数量	消缺数量	运行跟踪责任人	备注(每日缺陷消除及新增情况)
1	极1	64	5		
2	极2	57	0		
3	直流场及接地极	39	22		
4	1000kV设备区(含GIS、滤波器)	25	14	根据时间段对应运维人员	
5	500kV GIS	21	0		
6	500kV交流滤波器	29	21		
7	消防系统	23	0		
8	直流控保、二次保护及站用交直流系统	23	0		

图3-4　缺陷跟踪统计安排

3.1.2　检修期间计划管控

（1）为确保年度检修工作顺利推进，实现各项工作能控可控的目标，10月8日，古泉换流站组织站内运维技术骨干开展集中办公，一是集中人力精力做好工作计划安排，二是加强班组成员对于大修工作计划的了解，做好计划的沟通协调，及时解决存在的问题。通过此次集中办公，讨论编制大修期间总体工作计划，合理安排人员倒班，既能按时保质地完成目标，又能保证大修期间人员适当休息，保持良好的精神状态。

（2）根据工作面提前制定年度检修期间需办理的第一种工作票和第二种工作票的计划，并按照检修工作制定许可工作票的顺序，明确各张工作票许可人；编制大修期间每日工作计划表，对首检期间每日具体工作任务进行细化，明确每份操作票的操作人员，每份工作票的工作许可人、安措配合人、现场跟踪协调人，为后续现场工作的有序开展提供有力支撑。考虑到年度检修并非全站停电，在安排年度检修相关工作的同时，针对在运

设备也安排了充沛的力量，确保对运行设备的监盘、巡视等日常工作正常有序开展。

3.2 运维过程管控

3.2.1 倒闸操作

古泉换流站拥有±1100kV直流、1000kV交流以及调相机设备，采用分层接入，设备种类多，操作复杂；占地面积大，操作过程中转移时间长；国网公司对直流可用率要求高，留给运行人员操作的时间非常紧张。同时，除去直流主设备的停复役操作，主设备停电检修期间每天都有倒闸操作和设备的状态转换，对运行人员连续"战斗"的要求高。

运行人员认真对待每一次操作，每一份操作票都经过现场核对、模拟预演、安全交底、签字确认后再逐条执行，此次大修共执行操作任务180个，操作步骤7261项。

（1）提前准备操作票。为了确保操作过程不出差错，运维人员提前一个月开始准备停复役操作票，保证操作能够有序开展。

1）预写国调、网调调令。由于大修停复役操作没有典型操作任务，古泉换流站根据主设备的停电申请单并联系其他换流站，模仿调度编写操作预令，经过运维人员努力，提前准备的操作票与国调调令完全一致，节省了预令下发后调整操作票的时间。

2）提前编写首检操作票。明确操作人员分工，由实际操作人填写操作票，保证操作人员充分熟悉操作票。

3）优化操作顺序，节省操作时间。根据现场设备的实际位置，对操作步骤进行优化，让现场的操作人员少跑腿，大大缩短了操作时间，为检修工作赢得了宝贵的时间。

4）提前组织操作预演。确保操作人员在操作前再次熟悉现场，并再次核对操作票，保证票面正确性。

（2）合理安排操作人员。直流设备的操作涉及直流场、换流变压器、1000kV GIS、500kV GIS、1000kV交流滤波器、500kV交流滤波器、直流滤波器，操作过程中转场耗费时间长，为提高操作效率，两个班组协同合作，根据班组人员技能水平的高低，按照"老带新"的原则合理安排操作人员，多组操作力量并肩协作，确保操作正确、流畅。

（3）10月12日，运行人员通宵奋战10h，为首检工作顺利开展提供坚强保障。通过提前组织、精心安排，优化操作力量，直流场设备的操作时间由以前的6h缩短为3h，为紧凑的检修工期留出了宝贵时间。10月24日，运维人员经过连续十几个小时的通宵操作，古泉换流站双极直流系统一次性成功解锁，吉泉工程投运以来首次综合检修顺利完成，以"零缺陷"一次顺利投运。首次综合检修现场如图3-5所示。

图 3-5　首次综合检修现场

3.2.2　工作许可

年度检修过程中一共有 67 个作业面，运维人员一共许可 72 张工作票，每份工作票的许可都严格执行国网公司工作票管理规定，现场许可、验收，每日规范办理开收工手续，及时掌控现场作业进度、发现问题和消缺情况。运维人员在整个工作票许可过程中分工明确、有条不紊，在首检当日下午，顺利完成既定的 12 份工作票许可，为年度检修工作营造了良好的开端。

1. 积极推动工作票流程

（1）由于年度检修作业面多、施工单位多，古泉换流站提前梳理工作内容，积极协调施工单位确定了工作票总体分布。工作票分布如下：①3 个设备区域施行总分工作票形式，直流场总工作票 1 张、分工作票 7 张，极 1 阀厅及换流变压器总工作票 1 张、分工作票 5 张，极 2 阀厅及换流变压器总工作票 1 张、分工作票 6 张；②工业视频系统工作按区域分 3 张工作票；③光 CT 维护工作按区域分 4 张工作票；④其他设备区域按停电计划及设备类型正常分配。工作票总体分布如图 3-6 所示。

1. 1004-1007 5308线停电（1张票）10.05-7
2. 1号调相机交流侧（1张票）10.08-10
3. 5732线停电 10.17-19
4. 64、65号母线一票（1张票）-10.14-17
5. 63号母线一票（1张票）-10.19-22
6. 500滤波器小组（1张票）-10.12-21
7. 5733线停电（1张票）10.23-25
8. 500kV I母（1张票）-非集中停电期间
9. 500kV II母（1张票）-非集中停电期间
10. 0号站用变压器（1张票）-10.15-17
11. 10kV I母（1张票）-10.18-20
12. 10kV 2母（1张票）-10.21-23
13. 5731线（1张票）10.01-非集中停电期间
14. 100万（1张票）-10.12-21
15. 61 62M（1张票）-10.12-21
16. 直流场（总票7张，分票7张，不含消防）-10.12-23
17. 极1阀厅及换流变压器（总票1张，分票5张，不含消防）-10.12-24
18. 极2阀厅及换流变压器（总票1张，分票6张，不含消防）-10.12-24
19. 在线监测（1张500）-10.17-22
20. 光CT维护（4张票）-10.12-23
21. 工业视频系统（3张票）-10.12-23
22. 稳控、协控（1张票）-10.15-19
23. 断面失电（1张票）-1015-19
24. 接地极（1张票）-10.13-16
25. 直流控保（1张票）-10.12-24

图 3-6　工作票总体分布

（2）提前督促施工单位完成工作票填写并送运维人员审核，并针对审核过程中遇到的疑难点及时组织工作负责人、运维技术骨干召开工作票审核讨论。

（3）制定最优大型机械分布图，组织特种车辆提前进入站内指定检修地点。

2. 提前布置安全措施

（1）科学合理地梳理出能提前布置、不影响运行设备的安全措施，提前安排运维人员设置安全围栏等。

（2）现场勘察工作票中需要加装接地线的实际位置，确保接地线加装既实际可行又安全可靠。

（3）及时提前更换现场隔离安全措施警示图，保证每次设备状态改变后都对应有一张新图，实时提醒施工人员安全抵达工作地点。

3. 提前一天完成工作票预许可

年度检修工作票涉及工作内容多、安全措施复杂，每张工作票从完成附图的描红

图3-7 工作票现场预许可

到许可录音结束耗费时间长，为提高工作票许可效率，组织施工人员和运维许可人提前一天完成工作票的预许可，按照正常许可的流程进行现场许可、录音、描红附图，待第二天正式许可时只需完成签字确认手续，解决了工作票数量多、内容多而运维许可人有限导致许可环节耗时长的问题。工作票现场预许可如图3-7所示。

4. 整齐、规范地设置安全标识

年度检修过程并非全站停电，时刻都有运行设备，而且运行设备也根据检修计划在不停变更，工作现场安全标识的准确、规范对检修工作的安全把控起到重要作用。古泉换流站组织采用粘贴式安全标语，既保证了整个古泉检修现场安全标识的整齐美观，又能醒目地提示现场施工作业人员。现场安全措施如图3-8所示。

5. 优化人员安排，提前一天指定工作许可人

首检期间每日既要有专人负责在运设备的日常运维工作，又要有专人对现场各作业面进行跟踪管控，班组人员安排也充满挑战。古泉换流站提前谋划，充分考虑现场实际，每日都提前将次日工作票的许可、开工、收工许可人指定到人并进行发布，保证当日每个运维人员都清楚自己的任务、目标，确保每日各项工作顺利推进。

图 3-8　现场安全措施

3.2.3　过程监督

此次古泉换流站年度检修工作检修项目多、消缺任务重、目标要求高，为了保质保量顺利完成首检任务，古泉换流站充分发挥站内运维人员主导作用，安排运维人员全程跟踪，实时把控现场工作进度，配合引导施工人员有序入场，做好检修过程各项工作的协调配合。

（1）提前对接，做好每日开工检查。要求检修工作负责人提前一天上报工作计划，每日开工前，由各作业面工作许可人和跟踪负责人提前到达作业现场，对现场安全措施进行核查，重点检查接地线、交直流电源空气断路器、阀门状态和设备状态是否符合当日工作要求。对于当日工作需打开的箱门和需合上电源空气断路器，在保证安全的前提下，提前进行状态变更，以提高当日工作效率。

（2）严格管控，规范人员及车辆进场。建立进站沟通协调群，各作业面工作负责人提前一天上报作业人员信息、行程轨迹及安康码，对不符合疫情防控要求的人员，要求其提供核酸检测证明或采取隔离措施。每日开工时，首先由工作负责人进站完成许可开工手续，由工地监督人核对人员信息，借助人脸识别与红外测温一体机系统，快速办理人员进场，再由工作负责人和工地监督人共同带入工作地点，完成安全交底，每日工作间断和结束时，由工作负责人带领所有人员离站。对于特种作业车辆，要求提前上报车辆信息、合格证明及相应的特种作业人员信息，做到"专人领入、固定路线、固定地点"，切实做好现场人员车辆的安全管控。

（3）专项负责，有效开展工作配合及现场监督。实行专项负责制，做到现场工作运维人员全覆盖，保证各项工作"有人管，管得住"。根据现场工作实际，结合值内人员技术水平，将现场划分为10个作业面，每个作业面安排一名运维人员，主要负责现场工作协调、安全监督、随工验收工作，首检期间监管区域及负责人安排如图3-9所示。各作业面跟踪负责人与现场检修工作负责人"一对一"，对工作中遇到的各类问题进行沟通、协调和解决，有效推动现场各项工作开展，提高现场工作效率。现场跟踪负责人将各项重要检修工作在微信群内进行汇报，每日工作进度汇报如图3-10所示，每日收工后编制工作简报，主要内容包括作业面施工进度、发现问题及次日工作计划，以方便古泉换流站根据实时掌握现场工作进度并进行针对性工作安排。

序号	监管区域	现场跟踪负责人
1	户内、户外直流场	运维人员1
2	极1阀厅及换流变压器	运维人员2
3	极2阀厅及换流变压器	运维人员3
4	1000kV GIS	运维人员4
5	1000kV交流滤波器	运维人员5
6	500kV交流滤波器	运维人员6
7	直流控保及交直流系统	运维人员7
8	辅助系统	运维人员8
9	智能运检项目	运维人员9
10	调相机及500kV出线	运维人员10

图3-9　首检期间监管区域及负责人安排

图3-10　每日工作进度汇报

（4）全方位覆盖，大力开展反违章。借助站内智能管控平台，每日对现场进行全方位视频稽查，及时发现现场违章行为，并通知工作负责人进行整改。同时各作业面跟踪负责人在现场积极开展安全监督和"反违章"工作，对工作中不规范的行为及时制止，对于各类违章现象，要求工作负责人立即进行整改，并上报古泉换流站采取相应措施，以提高现场安全管控质量。大修过程中，对各类违章行为均在过程中及时发现并制止；严重及以上违章，由古泉换流站出具违章整改通知单，要求施工单位反馈具体整改措施。

（5）全程跟踪，缺陷闭环整改。制定首检期间缺陷统计跟踪日报，梳理各作业面遗留缺陷，开展设备消缺时，现场进行全过程跟踪，并对消缺结果进行检查和验收，同时各作业跟踪负责人积极参与现场各项工作，累计发现设备类问题 11 项，设施、精益化问题 45 项，要求工作负责人进行消缺整改，当日遗留问题在大修日例会和日报中进行反馈，确保每处缺陷有人负责，消缺过程有人清楚，做到设备"应修必修，修必修好"。各作业面跟踪负责人发现的主要设备缺陷如下：

1）极 1 高端阀冷系统 P01、P02 主泵机封渗水，极 2 高端阀冷系统 P02 主泵机封渗水，更换新的机封并试运行一段时间后，无渗水现象，恢复正常。主泵机封渗水如图 3-11 所示。

图 3-11　主泵机封渗水

2）极 2 低 E1. TT01 进阀温度传感器接线盒积水，更换新的传感器及接线盒后恢复正常。极 2 低 E1. TT01 进阀温度传感器接线盒如图 3-12 所示。

3）1000kV 交流滤波器隔离开关与接地开关机械闭锁故障，存在分合不到位情况，更换转动连杆部件并进行手动调节后恢复正常。1000kV 交流滤波器隔离开关与接地开关机械闭锁故障位置如图 3-13 所示。

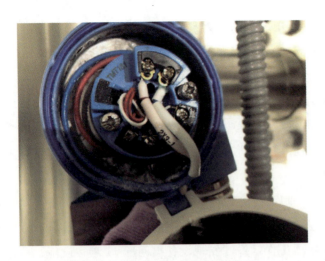

图 3-12　极 2 低 E1.TT01 进阀温度　　　图 3-13　1000kV 交流滤波器隔离
　　　　　传感器接线盒　　　　　　　　　开关与接地开关机械闭锁故障位置

4）1000kV 交流滤波器 62 号母线 A 相管母抱箍螺栓未紧固，重新紧固后恢复正常。

5）1000kV 湖泉 I 线电压互感器 B 相接线盒封堵老化，接线桩头有凝露，对老化部位重新进行封堵打胶。湖泉 I 线电压互感器 B 相接线盒封堵如图 3-14 所示。

6）T0131 隔离开关 A 相机构箱温控器异响，更换新温控器，异响消失。T0131 隔离开关 A 相机构箱温控器如图 3-15 所示。

图 3-14　湖泉 I 线电压互感器 B 相接线盒封堵　　图 3-15　T0131 隔离开关 A 相机构箱温控器

7）1000kV GIS GM208C 母线气室压力低，当场及时进行补气。GM208C 母线气室压力如图 3-16 所示。

8）COM11A 极 1 高端阀组通信屏 A 屏柜内封堵损坏，要求重新做封堵后恢复正常。

9）10kV 站用电室 10kV 1 号母线出线 116 开关柜，电流回路 ID18、ID19 端子排出现灼烧痕迹，要求更换新端子排。

10）极 2 中性线零磁通电流互感器 T2 绝缘层破损，现场要求工作负责人进行重新封堵。电流互感器绝缘层硅胶破损如图 3-17 所示。

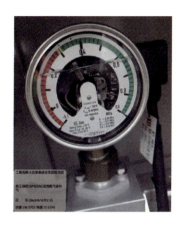

图 3-16 GM208C 母线气室压力　　　图 3-17 电流互感器绝缘层硅胶破损

11）T616 交流滤波器电流互感器 C 相二次接线盒上部存在渗油，检查发现为表面焊缝存在缝隙，现场进行封堵处理后，缺陷消除。

（6）做好收工检查，守好现场最后一道关。每日工作结束时，待全体作业人员离开现场后，由现场跟踪负责人会同工作负责人对现场设备状态进行核查，重点检查设备状态、电源是否断开、接地线情况以及现场环境，对现场发现的问题要求及时整改和恢复，检查无误后，将电源箱及屏柜上锁后允许工作负责人办理收工手续，同时由跟踪负责人将作业面人员离场信息在微信群内进行汇报，确保现场无人员及物件遗留。

3.2.4 强化值班

（1）强化值班纪律。加强运行设备监控巡视，针对检修期间大量上传到后台的检修试验信号，优先保障值班力量，加强运行设备状态监视，以"一条条地看，一个个地过"为原则，杜绝漏信号、错信号。首检期间，站内设备部分带电，中途还涉及 2 号调相机转检修、500kV 线路轮停、交流滤波器母线轮停、站用变压器轮停等阶段性检修工作任务，倒闸操作及安全措施调整任务繁重，通过合理调配，现场各项工作有序开展，实现倒闸操作"零差错"，工作许可"零失误"。

（2）完善值班计划。集中停电检修期间，为确保各项工作有序开展，制定首检期间整体工作任务表，明确到个人责任分工，安排两个运维值全都到岗，分成两个大组，六个小组，并肩协作，既保证现场工作有人管控，又保证带电设备运维工作正常开展，为首检的顺利完成打下坚实基础。同时为多数运维人员安排了恰当的休息时间，极大程度地保证了大修期间运维人员具有良好的状态。

（3）强化值班担当。从年度大修开始，运维人员用积极的态度加班加点保进度、保质量，高标准开展现场运检工作，为确保快节奏、高压力工作现场的工作高效性，站内运检人员分成多个运维组，并肩协作，高质量、高效率完成所有工作任务。

3.2.5 设备验收

古泉换流站设备数量多、种类多，其中换流变压器、阀厅、户内直流场、阀冷、调相机等既是验收重点，又是验收难点。验收是整个年度检修工作的最后一道关卡，验收工作开展得是否到位，直接影响着设备能否顺利投入运行。为了高质量地开展验收工作，结合专项工作负责制，古泉换流站主要开展以下工作。

（1）提前准备，编制验收作业指导卡。为做好 2020 年年度检修的验收工作，古泉换流站组织运维人员到兄弟单位开展学习调研，吸收其他换流站在大修期间的设备验收经验，结合站内设备实际，编制各类设备验收指导书和设备投运前检查表，共 3 大类，26 个主表，做到现场设备全覆盖。

（2）明确人员，细化人员分工。根据古泉换流站首检三级验收作业指导书，结合专项工作负责制，由现场跟踪负责人会同工作负责人、监理、检修工地监督人同时开展现场三级验收。验收时，运维人员主要负责检查设备外观及状态、功能是否完好，定值是否正确等方面；检修人员负责检查现场施工工艺、试验数据是否合格等方面。各方验收人员在验收指导书上分别签字，明确职责界面，细化分工。

（3）统筹协调，合理安排人员力量。大修期间，运维专业面临现场工作管控及验收、倒闸操作等各项工作。检修过程中，在做好人员轮转的同时，古泉换流站统筹协调，每日安排加班人员，补充值班力量，由当班值开展现场三级验收，以现场跟踪负责人为主，协调值内其他力量，会同检修人员全面完成验收工作。送电前两天，运维人员全部到站，由当值人员负责操作准备，加班人员负责现场设备投运前检查，以上检查完成后再对设备进行一次全面检查。

（4）合理分配，开展分阶段验收。此次年度检修，验收工作量十分繁重，如果只在最后一天开展集中验收，无法保证验收质量，因此古泉换流站根据现场工作实际开展情况，与现场工作负责人充分沟通和协调下，古泉换流站组织专人与监理进行对接，倒排工期，提前确定各作业面验收时间，发布验收计划，分阶段开展设备验收工作。古泉换流站于 10 月 21 日率先开展 1000kV GIS 设备的验收工作，10 月 22 日开展 500kV 交流滤波器场验收工作，10 月 23 日开展全站换流变压器和阀厅设备以及 1000kV 滤波器场验收工作，并于 10 月 24 日中午顺利完成全部作业面的验收工作。验收时，严格按照验收作业指导书开展验收工作，对验收过程中发现的缺陷要求工作负责人立即整改，不留隐患。

（5）仔细核查，顺利完成验收工作。为保障验收工作顺利完成，切实守好最后一道防线，运维人员在完成三级验收后，对全站设备再进行一次投运前检查，对每一个阀门和表计、每一个设备外观、每一个开关的传动进行检查，各类设备检查人员在投运前检查表上签字，并对记录进行整理归档，为今后运行提供基础数据。验收过程中发现的主要问题如下：

1）1000kV Ⅱ 母线 GM208 C 相气室压力偏低为 0.36MPa，现场要求工作负责人进行检漏并补气至 0.4MPa，与 BC 相保持一致。

2）极 1 高端换流变压器 YDA 相气体继电器渗油，现场要求工作人员进行清理和螺栓紧固后，缺陷消除。

3）极 2 低端换流变压器 YYA 相气体继电器观察窗渗油，现场对观察窗和管路螺栓进行紧固后，缺陷消除。

4）极 1 低端换流变压器 YYC 相分接开关气体继电器接线盒未复位，要求检修人员进行检查和复位。

5）极 2 高端换流变压器 YDB 相分接开关的一根连管螺栓只安装了两个（共 4 个），现场联合检修人员进行随工处理，缺陷消除。

6）极 1 低角侧雨淋阀室门口阀门漏水，现场及时紧固阀门螺栓后恢复正常。

7）极 1 户内直流场空调设备间 2 楼的消防泡沫间发现有漏水现象，现场紧固螺栓后恢复正常。

8）110V 直流馈线屏临时标签未清理，现场逐一核对临时标签与正式标签，核对无误后进行清理。

9）极 1 高端控保室 COM11A 极 1 高端阀组通信屏 A 屏柜内封堵损坏，要求施工单位进行修复后恢复正常。

10）极 2 低端 YYB 相换流变压器冷却器进油口阀门漏油，现场立即通知施工单位对极 2 低端 YYB 相换流变压器冷却器进油口阀门打胶堵漏后恢复正常。极 2 低端 YYB 相换流变压器冷却器进油口阀门漏油位置如图 3-18 所示。

11）极 2 低端 YYA 相气体继电器渗油，要求施工人员处理，紧固气体继电器上方铜制细油管后，渗油现象消失。极 2 低端 YYA 相气体继电器渗油位置如图 3-19 所示。

12）极 2 低端阀塔上有遗留胶布，现场及时进行清理。

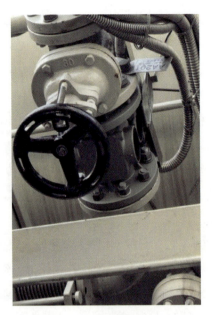

图 3-18　极 2 低端 YYB 相换流　　　　图 3-19　极 2 低端 YYA 相气体
变压器冷却器进油口阀门漏油位置　　　　　　继电器渗油位置

13）极 2 低 YYA 相换流变压器气体继电器观察孔渗油，要求施工人员处理，现场紧固螺栓后恢复正常。

14）10kV 1267 接地开关分闸时，现场就地机械指示已到位，OWS 后台仍在移动，现场检查为接点未到位，现场调整接点位置后，信号准确上送到后台。

3.2.6　复役特巡，及时掌握首检后设备状态

10 月 25 日，设备投运后，古泉换流站及时组织开展设备带电后的特巡工作，主要对全站消除的缺陷、换流变压器油温油位、1000kV GIS 设备气室压力进行抄录，对交流滤波器场一次设备进行红外测温工作，借助一体化平台，对设备运行参数开展比对分析，及时掌握设备运行情况，确保大修后，设备安全稳定运行。

3.3　运 维 管 理 亮 点

结合年度检修机会，提前谋划首检期间专人专项工作方案、提前强化运行经验知识和运维规程查漏补缺意识，从技术、管理等各个方面开展运行专业的人员培训锻炼，做到人人有提升，促进整体能力的提高。

（1）专项历练，培养骨干组织能力。采取专项工作专人负责的方式，发挥人员优

势，在不耽误值内正常工作开展的同时，也确保了现场各项工作的有序开展，跟踪信息微信共享，提高人员参与深度。

（2）提升技能，推进运行经验知识化。全程跟踪首检工作开展，不断思考问题解决思路和办法，固化首检工作经验，完成《±1100kV 特高压直流运维实用技术问答》内容扩充，将以前的 300 题扩展为 800 道，为后续培训工作提供支撑。

（3）以学促改，提升运维技能水平。利用首检机会，安排人员对 12 分册规程与现场进行核对，发现 200 余条问题，并组织进行整改修订，促进基础工作提升。

4 首检检修管理

年度集中检修于 2020 年 10 月 12 日正式开始，至 2020 年 10 月 24 日向国调中心汇报完工，历时 13 天，采取直流系统双极同时停电，1000kV 交流设备全停、500kV 交流设备部分停电的方式，通过开展现场标准化作业，使用标准作业卡，使检修质量得到有效控制。

年度检修期间，检修项目执行完整，质量合格，检修过程未发生异常。通过对全站 17 大类、5000 多台/套设备同时开展系统性检修与维护，共计完成例行检修 77 项，技术改造 6 项、隐患治理 13 项、特殊性检修 8 项，消除缺陷 305 项，结合首检持续推进数字化换流站建设，实现换流变压器智能装备全覆盖。完成操作任务 180 个，操作项数 7621 项，办理工作票 72 张，管控进站检修人员 9840 人次。通过该次首检，提升了设备健康水平，为疆电外送大通道的长周期安全稳定打下了坚实基础。

该次古泉换流站年度检修共有 29 个作业面，共投入参检人员 976 名，使用吊车、高空作业车等大型机械设备 40 辆。为确保年度检修的顺利开展，古泉换流站精心组织，协调监理单位、技术监督单位、38 家施工单位及设备厂家参与年度检修工作，并安排 35 名工作监管人，全面开展各工作现场监管工作，对作业安全、质量和进度进行有效控制。

为加强该次年度检修组织管理，国网安徽公司成立了以省公司分管领导挂帅的年度检修领导小组，超高压公司成立了以超高压公司分管领导任组长的现场指挥部，全过程指挥管控现场工作，检修现场成立了业主、监理、施工三个项目部，具体负责现场检修工作的实施。年度检修领导小组完成了年度检修方案的批准、现场指挥部人员及各项目负责人员的审定和检修过程中重大问题决策等工作任务；现场指挥部完成了检修过程中的人员、安全、质量、进度的监督管理，以及施工组织、协调等工作任务；三个项目部承担了具体的检修工作，每日召开工作例会，协调解决检修过程中发现的问题，现场按工作面设置了 29 个检修作业面管控小组，均圆满完成各自年度检修期间的工作任务。

4.1 首检检修策划

4.1.1 项目及工作计划安排情况

1. 项目安排情况

依据《国家电网公司直流换流站检修管理规定（试行）》［国网（运检/3）915—2018］、《国家电网公司直流换流站检测管理规定（试行）》［国网（运检/3）913—2018］、《输变电设备状态检修试验规程》（Q/GDW 1168—2013）等相关技术标准、规程、制度的要求，结合设备运行缺陷、精益化检查、隐患排查成果和其他工程运行经验，该次年度检修安排例行检修项目 77 项、特殊检修项目 8 项、技术改造项目 6 项，消缺项目 322 项，隐患治理项目 13 项。

2. 停电计划安排情况

综合考虑年度检修项目安排（工作量）、参检单位可调配检修力量（人员、机具、车辆）、调度推荐电网运行方式和停电窗口，编制了该次工作的停电计划，确定该次年度检修停电工作于 2020 年 10 月 12 日至 10 月 24 日开展。停电方式为直流系统双极同时停电，1000kV 交流设备全停、500kV 交流设备部分停电。

3. 检修工作安排情况

该次年度检修分为 29 个作业面，每个项目安排到具体的负责人，与项目施工单位建立联系，提前编制项目监管任务书，明确项目工作与监管重点，做好闭环管理，检修工作按照半天精细安排。

4.1.2 方案及作业指导卡准备情况

1. 总体方案编写情况

总体方案依据《国网运检部关于开展直流换流站五项管理规定试点应用工作的通知》（以下简称《五项管理规定》）编写，并经过各参检单位内审、超高压公司汇总初审、国网安徽公司终审的三级审批流程，涵盖年度检修的编制依据、工作内容、检修任务、组织措施、安全措施、技术措施、物资采购保障、进度管控保障、检修验收工作、作业面方案等方面内容，并为每个作业面编制了详细的作业方案。

2. 作业面方案编写情况

古泉换流站在年度检修开展前统筹安排各参检单位进行了现场勘查，提前做好检修准备，按照《五项管理规定》要求编制 29 个作业面作业方案，经审批通过后执行，有效加强了现场管控。

3. 作业指导卡编写情况

根据标准化作业和《五项管理规定》要求，按照总体方案和作业面方案明确项目内容，进一步细化编制了年度检修标准化作业指导卡。每一台设备对应一份标准化检修作业指导卡和标准化试验作业指导卡，细化作业管控。

4.1.3 物资及工器具准备情况

为确保年度检修工作顺利开展，古泉换流站提前对现场的备品备件、物资材料、工器具（含安全工器具）、仪器仪表等进行全面梳理，安排各参检单位进行仪器仪表、安全工器具定检工作。对年度检修中需要的物资进行统计跟踪，催促设备厂家将相关物资在年度检修停电前到货，确保年度检修按期开始。

4.1.4 现场安全工作准备情况

（1）与业务外包单位签署安全协议。

（2）所有现场作业人员经安全培训并参加年度安规考试合格，具备现场工作资格。

（3）针对年度检修工作内容，明确安全重点管控内容，做好车辆、人员管控和作业机具的安全使用与监护，并向各参检单位宣贯到位。

（4）组织班组人员学习年度检修安全措施布置方案，采取讨论、答疑、提问的方式保证每个班组成员对方案内容都能熟练掌握。

（5）编制安全口袋书，年检作业风险点分析及管控措施均汇编在手册上，检修人员人手一本。

4.2 检修重点项目

4.2.1 例行检修项目完成情况

该次年度检修共计划完成例行检修项目77大项，实际完成76项，完成率99％。接地网电阻测试6年一次，该次无须开展；通信系统检修该次年度检修未开展。

4.2.2 特殊检修项目完成情况

该次年度检修计划完成特殊检修项目8项，实际完成8项，完成率100％。

4.2.3 技术改造项目完成情况

该次年度检修计划完成技术改造项目 6 项，实际完成 6 项，完成率 100%。

4.2.4 消缺项目完成情况

该次年度检修计划完成消缺 322 项，其中基建遗留缺陷 62 项，运维期间新增缺陷 182 项，年度检修期间新增缺陷 78 项。该次年度检修期间实际消缺 305 项，完成率 95%，遗留的 17 项缺陷不影响设备运行。

4.2.5 隐患治理项目完成情况

该次年度检修计划完成隐患治理项目 13 项，实际完成 13 项，完成率 100%。

4.2.6 设备遗留问题及所采取的措施

该次年度检修中有 17 条遗留问题，均已采取临时预控措施，不影响设备运行。

4.3 检修过程重点分析

4.3.1 例行检修重点工作

1. 二次回路绝缘测量

（1）内容描述。

1）古泉换流站在开展换流变压器电流互感器二次回路绝缘测量工作时，发现极 2 低 YYB 换流变压器 P2. WT2-431YB 1S1-1S2、P2. WT2-441YB 1S1-1S2、P2. WT2-431YB 3S1-3S2 三处绝缘低，仅 0.3MΩ 左右。

2）开展换流变压器非电量信号回路绝缘测量时，发现极 1 高 YYA 相、极 1 高 YYB 相、极 1 高 YDC 相换流变压器本体压力释放阀 4 报警回路绝缘低，对地绝缘最低仅 0.2MΩ。

3）发现极 2 低 YYC 相换流变压器分接开关 2 油流继电器跳闸回路对地绝缘 0.5MΩ。

4）发现极 2 低 YYC 相换流变压器本体压力释放阀 1 动作 A 路信号回路和本体压力释放阀 2 动作 B 路信号回路间绝缘低，导致极 2 低 110V 系统出现直流 A/B 段母线混电告警，实测芯间绝缘仅 0.1MΩ。

（2）完成情况。

1）对极 2 低 YYB 换流变压器电流互感器回路进行分段排查，锁定端子箱至套管之间的电缆绝缘不足，更换电缆后，复测绝缘，恢复正常。

2）压力释放阀本体和接线盒之间的缝隙无密封胶圈，导致水汽从接线穿孔进入接线盒。压力释放阀结构、水汽入侵示意图分别如图 4-1、图 4-2 所示。开盖晾晒后，复测绝缘恢复正常。为防止其他压力释放阀进水，该次年度检修期间将所有换流变压器压力释放阀接线盒和压力释放阀本体缝隙边沿填注密封胶，防止压力释放阀本体和接线盒间进入水汽，造成绝缘下降。填注密封胶如图 4-3 所示。

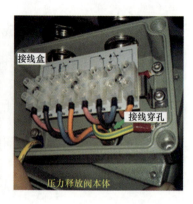

图 4-1　压力释放阀结构

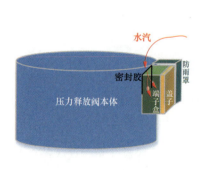

图 4-2　水汽入侵示意图　　　　　　图 4-3　填注密封胶

3）发现油流继电器非电量信号绝缘缺陷后，由于在密封盖螺栓孔内发现疑似水垢的白色粉末，因此判断水汽由顶盖的三个固定螺栓垫片缝隙进入接线盒。开盖晾晒后，复测绝缘正常。该次年度检修期间已在所有换流变压器分接开关油流继电器顶盖三个固定螺栓处使用密封胶固定，防止水汽从螺栓垫片缝隙进入。分接开关油流继电器内部如图 4-4 所示。

图 4-4 分接开关油流继电器内部

4) 发现直流 A/B 段母线混电缺陷后,经过分段排查,确定电缆破损点位于 GH021 非电量端子箱和换流变压器本体汇控柜之间的厂家配线电缆段,出现异常的电缆厂家图纸编号为 W208,其为 $1.5m^2$ 24 芯电缆,已无备用芯。现场未能发现两线芯间绝缘破损点,也排除了槽盒内钢扎带对线缆绝缘的影响可能性。现场对该 24 芯电缆的其余 22 芯开展了所有排列组合方式下的芯间绝缘测试,在 250V 电压下其芯间绝缘均大于 $400M\Omega$,判断该电缆其余线芯可以继续使用,遂使用编号 W610($1.5m^2$ 12 芯电缆已使用 10 芯)备用芯替换了出现串电现象的 W208 的两根线芯,并更换了线号标。替换下来的两根线芯已包扎接头后放入线缆槽盒内。计划 2021 年度检修更换 W208 的两根线芯,确保备用芯可用。非电量端子箱和换流变压器本体汇控柜之间的厂家配线如图 4-5 所示。

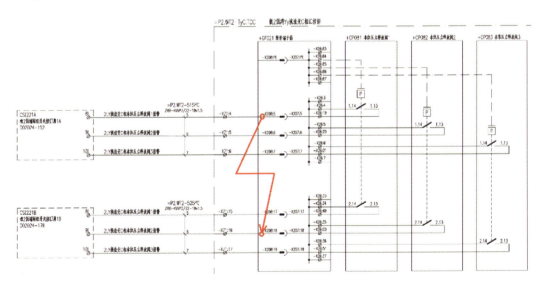

图 4-5 非电量端子箱和换流变压器本体汇控柜之间的厂家配线

2. 换流阀例行试验

(1) 内容描述。该次古泉换流站换流阀及阀控系统年度检修完成如下例行检修项目：晶闸管及散热器检查、晶闸管控制和监视单元检查、电容检查及测量、电阻检查及测量、阀电抗器检查、光纤检查、阀避雷器检查、冷却水管检查、阀塔整体检查、阀控屏柜检查、电源检查、阀塔主通流回路接头直阻测量、阀塔内冷却水管静态压力试验、阀塔漏水检测报警装置功能验证、阀塔避雷器动作次数检查及功能验证、晶闸管级高压电气试验、晶闸管级低压电气试验、阀控系统电源告警试验、阀控系统调制信号异常告警试验。

（2）完成情况。该次年度检修共完成换流阀及阀控系统例行检修工作19项、晶闸管级电容连接片隐患排查工作1项、极2换流阀TCU更换特殊性检修工作1项。其中，极1换流阀进行晶闸管级高、低压试验时发现6起异常情况；进行静态耐压试验时发现1处设备异常情况，极2换流阀在进行晶闸管级高、低压电气试验时发现7起设备异常情况，均现场及时处理完毕，故障情况见表4-1。

表 4-1　　　　　　　　　　　　故　障　情　况

序号	位置	故障情况	处理情况
1	极1高端 VAD V1 A3 V8	触发光纤损坏	更换 V8 触发光纤
2	极1高端 VCD V1 A9 V3	晶闸管阻抗低，失去阻断能力	更换 V3 晶闸管
3	极1高端 VBY V3 A5 V8	触发光纤损坏	更换 V8 触发光纤
4	极1高端 VCY V4 A1 V4	触发光纤损坏	更换 V4 触发光纤
5	极1高端 VCY V4 A10 V8	触发光纤损坏	更换 V8 触发光纤
6	极1低端 VAD V1 A7 V8	触发光纤损坏	更换 V8 触发光纤
7	极1高端 VBD V1 A5 主水回路下侧水管	内部垫圈破损	更换垫圈
8	极2低端 VBY V4 A5 V3	晶闸管最大耐压为6400V，耐压试验未通过	更换晶闸管
9	极2低端 VCY V3 A2 V5	晶闸管最大耐压为6029V，耐压试验未通过	更换晶闸管
10	极2低端 VCY V4 A9 V2	晶闸管最大耐压为7700V，耐压试验未通过	更换晶闸管
11	极2低端 VBD V1 A8 V6	晶闸管最大耐压为7900V，耐压试验未通过	更换晶闸管
12	极2高端 VAY V3 A9 V6	均压电阻阻值由440Ω变为600Ω	更换均压电阻
13	极2高端 VAY V4 A6 V5	触发光纤 TCU 接口处，不能正常插拔	更换 ST 光纤头
14	极2高端 VAY V4 A4 V3	回报光纤 TCU 接口处，不能正常插拔	更换 ST 光纤头

3. 换流站消防炮试喷试验

（1）内容描述。古泉换流站在开展换流站消防炮例行检修工作时，发现1号消防炮出口压力表损坏，后台无法启动1~3号消防炮。

（2）完成情况。已对压力表进行更换，后台程序也进行了更换，测试正常。

4. 雨淋试喷试验

（1）内容描述。古泉换流站在对24台换流变压器、柴油机、升压变压器进行雨淋试喷试验时，发现极2高端星形接线C相雨淋阀管道及极1高端星形接线B相雨淋阀管道各有一处喷头出水不正常，水量小；极1高端星形接线B相雨淋阀1处喷头出水不正常，水量小。极2高端换流变压器星形接线B相雨淋阀远方手动启动，电磁阀动作后无法将控制腔泄压启动，极2高与综合楼之间阀门井内过滤器、极2高与极2低之间阀门井内过滤器有变形。

（2）完成情况。对出水不正常的喷头进行清洗后，测试正常；电磁阀动作后无法泄压的，打开电磁阀、再次安装，设备正常。雨淋阀喷头如图4-6所示。

4.3.2　特殊检修重点工作

1.MR分接开关温度监视信号接入后台

（1）内容描述。鉴于分接开关温度监视的重要性，将分接开关温度实时数据上传至监控后台。实

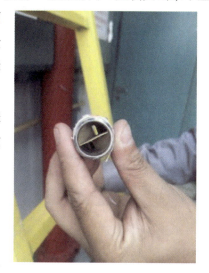

图4-6　雨淋阀喷头

时数据（备用PT100）上传至一体化监控平台；温度监控传感器（B7A、B7B）实时温度通过摄像头上传至智能巡检平台。

（2）完成情况。备用PT100已使用4×1.5软芯电缆（不带钢铠）接至分接开关控制柜备用端子排；已安装摄像头监视温度监控传感器（B7A、B7B）实时温度，并上传至智能巡检平台。MR分接开关温度监视信号接入后台如图4-7所示。

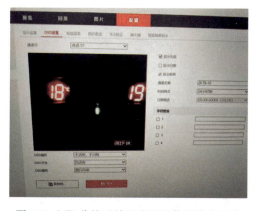

图4-7　MR分接开关温度监视信号接入后台

2.光CT特殊性检修

（1）内容描述。古泉换流站采用全光纤式电流互感器。其中，500kV交流滤波器场共计42台不平衡光CT；1000kV交流滤波器场共计150台：首端光CT共36台、800kV不平衡光CT共36台、400kV不平衡光CT共36台、24kV尾端光CT共42台；直流场共计22台光CT（含接地极）；备品备件11台。

为保障光CT的正常工作，防止光CT内部光源、光纤回路和PZT调制器等核心器件存在深层缺陷，在长期运行过程中逐渐累积发展为影响设备正常运行的因素，造成光CT产生各种突发故障，影响光CT测量的准确度以及换流站的安全稳定运行，除常规检查外，需要对光CT进行深度的检查、测试和分析，包括全站光CT的本体及电子单元的状态检查；全站光CT CMB检查、光功率测试、光纤OTDR测试、PZT调制器性

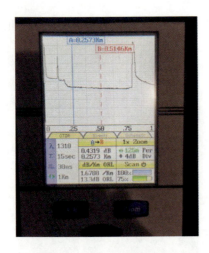

图 4-8 OTDR 波形测试

能测试、机箱光源偏振测试等，并抽选 4 台直流场光 CT 进行精度校验。检查完成后要对存在告警记录光 CT 故障进行检查处理。OTDR 波形测试如图 4-8 所示。

（2）完成情况。总共完成 14 项光 CT 常规维护、4 项特殊性检修，并完成了光源的光谱测试、光源的偏振态测试、PZT 调制器性能测试、数据处理模块的理论计算及报告。

3. GGFL 600 ABB 直流穿墙套管隐患排查

（1）内容描述。由于某换流站极 1 高端 400kV 直流穿墙套管户外侧接头发热（最高温度 83℃），极 1 低端 400kV 直流穿墙套管户内侧接头发热（最高温度 94.2℃），古泉换流站 GGFL 600kV 直流穿墙套管存在相同结构，根据国网公司安排，需要对其进行进一步排查。

（2）完成情况。古泉换流站年度检修期间对两支 GGFL 600kV 直流穿墙套管进行检查，对外部金具与套管端子涉及的 10 个接触面进行直阻及力矩测试，同时进行端子同导电杆的接触面的检查，直阻及力矩检测合格。GGFL 600 ABB 直流穿墙套管发热隐患排查如图 4-9 所示。

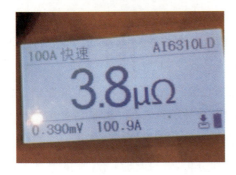

图 4-9 GGFL 600 ABB 直流穿墙套管发热隐患排查

4. 网侧 GOE 套管取油样

(1) 内容描述。年度大修期间完成双极低端 12 只网侧 1000kV ABB 套管取油样工作。

(2) 完成情况。完成双极低端 12 只网侧 1000kV ABB 套管取油样工作，试验结果合格。

5. 跳闸回路芯间绝缘检查

(1) 内容描述。首检期间，对所有保护装置至断路器汇控柜间跳闸回路芯间绝缘进行检查。

(2) 完成情况。首检期间，分别进行两个极高端换流变压器进线断路器（5061、5062、5032、5033）保护装置跳闸回路芯间绝缘检查；进行 63M、64M、65M 三个大组交流滤波器保护装置及其进线断路器（5041、5042、5062、5063、5072、5073）保护装置跳闸回路芯间绝缘检查；进行古昌 5732 线、古峨 5733 线线路保护装置及其出线断路器 5031、5032、5051、5052 保护装置跳闸回路芯间绝缘检查。上述保护装置绝缘检查结果正常，均大于 10MΩ。

6. 极 2 高±1100kV 环氧芯体 SF_6 复合绝缘穿墙套管专项检查

(1) 内容描述。对极 2 高进线 1100kV 环氧芯体 SF_6 复合绝缘穿墙套管运行一年后的状况进行专项检查。共完成常规检查 5 项、特殊检查 2 项，检查结果均正常。

(2) 完成情况。对极 2 高进线 1100kV 环氧芯体 SF_6 复合绝缘穿墙套管进行的外观检查、SF_6 微水含量、介电损耗及电容、绝缘电阻、套管两端距离、气体绝缘套管密封性等各项检测结果均在标准范围内。

7. 国调故障录波器频发异常问题处理

(1) 内容描述。故障录波器在利用国调通道转送网调时，转送协议不一致，硬盘频繁读取导致装置异常告警。

(2) 完成情况。升级故障录波 VXworks 操作系统漏洞，上送国调，将故障录波器机械硬盘更换为固态硬盘，此处年度检查站内 22 套故障录波器已全部完成处理。

8. 换流变压器本体与在线监测装置连接的法兰对接密封结构检查

(1) 内容描述。对所有换流变压器本体与在线监测装置连接的法兰对接密封结构进行检查整改。

(2) 完成情况。完成对所有换流变压器本体与在线监测装置连接的法兰对接密封结构的检查，法兰接触面均为"凹面＋平面"形式，结构符合要求，密封圈材质为丁腈橡胶，符合要求。

4.3.3 技术改造重点工作

1. 电网谐波监测终端建设

（1）内容描述。古泉换流站谐波监测系统采集1000kV和500kV交流线路、换流变压器、滤波器间隔的电流和电压，采集屏内的采集装置在屏内通过交换机组网后经光纤接至综合数据网路由器的光纤接口，谐波监测系统通过综合数据网（Ⅳ区内网）上传至国网安徽省电力公司电力科学研究院（以下简称"安徽电科院"）。

（2）完成情况。结合古泉停电计划1000kV所有电流电压已完成接入工作，500kV古峨5733、古昌5732、古亭5308线，第一、二、三大组滤波器进线，双极高、低端换流变压器进线已完成电流电压接入。遗留3条500kV线路谐波监测接入工作将结合停电开展。

2. 换流变压器泡沫炮新增水泵房改造

（1）内容描述。为满足雨淋系统和消防炮系统同时动作的要求，为消防炮新增一套独立的给水系统。改造工作主要包括：①在古泉换流站外新建1座水泵房；②为消防炮系统设置1套独立的消防给水系统，包括3台电动消防泵及1套消防稳压装置，布置在站外水池南侧的新建水泵房内；③站区内新设1路消防给水管，从新建水泵房至泡沫消防间；④新增水泵供电电缆及消防水泵与火灾报警系统联动。

（2）完成情况。基础开挖完成52基，已浇筑完成49基，因管道过路方式变更，剩余3基暂不浇筑，待设计完成图纸变更及会审后进行后续基础及消防管道埋管工作。管道安放到工位（基础上），已完成330m（管道总计400m，剩余为过路埋管）。

3. 直流场光CT运行状态在线监测系统升级维护

（1）内容描述。直流场光CT状态量共计20台，光CT状态量后台无法显示，完善对测量装置的状态监视，通过建设光CT运行状态监控平台，可以实现光CT设备状态的实时显示、数据分析、实时告警和数据存储功能，能够在设备发生故障时为现场运检人员提供直观的维修决策。

（2）完成情况。完成直流场极1及低端阀组二次设备室、极2及低端阀组二次设备室交换机安装，光CT合并单元改造、光纤和网线敷设、注流验证等工作。

4. 换流变压器区域自动巡检改造

（1）内容描述。通过换流变压器区域智能巡检改造，加装新型感知终端、智能巡检装备，实时掌握设备状态信息，实现图形界面和现场相关视频、音频、数据全面联动，构建可广域监控全局的视频监控系统。改变了传统的人工巡检模式，大幅提升站内设备缺陷发现及时率、处理及时率，提高了巡检效率和安全生产水平，减轻一线运维人员工作负担。

（2）完成情况。24台换流变压器共安装502台摄像机，前期已结合四阀组轮停、不停电施工安装424台，大修期间完成72台摄像机安装（阀厅挑檐红外摄像机4台，舱内壁挂红外摄像机16台，分接开关卡片机24台，主变压器顶部摄像机12台，油流指示器摄像机10台，视频融合摄像机6台），剩余设备前端调试及5台设备安装可不停电实施，安装48台拾音器，完成率90%，更换24台换流变压器红外摄像机，接入2台换流变压器舱至边缘平台进行智能巡检应用调试。

5. 换流变压器广场电缆沟火灾隐患治理

（1）内容描述。古泉换流站电缆沟道内布置大量动力电缆，通过在电缆沟道内动力电缆容易发生过热缺陷的电缆接头等敏感部位（重要负荷的动力配电屏、动力电缆集中进出的小室沟道等）装设温度监测元件，在分区域内使用数据采集器件将温度信息集中送往主控中心，设定安全阈值，超温报警。使运维人员能实时掌握所有动力电缆温度信息，传感器与数据采集器之间为无线连接。

（2）完成情况。完成24台换流变压器汇控柜内电缆测温装置安装，以及换流变压器广场、直流场电缆沟测温装置安装。电缆沟和动力柜电缆接头火灾隐患治理采用无源声表面波无源无线测温技术，实时在线监测电缆沟电缆温度和各种动力柜电缆接头温度，设定安全阈值，超温报警。换流变压器广场电缆沟火灾隐患治理如图4-10所示。

(a)　　　　　　　(b)　　　　　　　(c)　　　　　　　(d)

图4-10　换流变压器广场电缆沟火灾隐患治理

(a) 室内电缆沟场景；(b) 室外电缆沟场景；(c) 采集天线、采集器安装示意图；(d) 电缆温度传感器安装示意图

6. 双极高端换流变压器进线断路器（5061、5033）增加选相合闸装置

（1）内容描述。2020年10月13日至22日，为改善古泉换流站高端换流变压器充电励磁涌流过大情况，在ACC 53A+1500kV第三串测控屏A1内加装5033断路器选相合闸装置、在ACC 56A+1500kV第六串测控屏A1内加装5061断路器选相合闸装置，通过控制断路器合闸时刻达到抑制励磁涌流的效果，10月25日进行带电调试，从调试录波数据看，加装选相合闸装置后可以有效抑制换流变压器充电励磁涌流。

（2）完成情况。2020年10月19日在5033断路器A相断路器本体试装油压传感器后建压至23MPa时，油压传感器转接处漏油，为避免液压油泄漏风险油压传感器暂未装设，2020年10月22日完成5033断路器、5061断路器选相合闸装置安装及单体测试工作，25日进行带电调试，试验达到预期效果。进线断路器（5061、5033）增加选相合闸装置如图4-11所示。

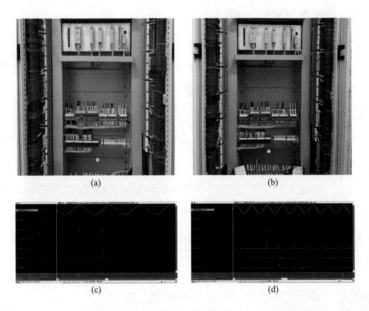

图 4-11 进线断路器（5061、5033）增加选相合闸装置

（a）5033断路器选相合闸装置；（b）5061断路器选相合闸装置；（c）5033断路器带选相合闸装置合闸时刻；

（d）5061断路器带选相合闸装置合闸时刻

4.3.4 隐患治理重点工作

1.1000kV交流滤波器断路器并联电容介质损耗超标复测

（1）内容描述。1000kV滤波器场停电检修期间，古泉换流站对1000kV交流滤波器场12台LW10B-1100断路器所配144支并联电容器介质损耗进行复测，试验仪器及编号为介质损耗仪C40431，同时现场工作人员采用自身携带仪器对部分并联电容进行复测，测量结果一致。电容介质损耗测量如图4-12所示。

（2）完成情况。此次年度检修已完成全部144只电容器介质损耗复测，且所有并联电容器电容测量值与交接值相比无明显变化，电容器介质损耗无明显增长，与交接值相比变化量均不超过30%，该批次电容器可以投入运行。

2.故障测距事件未上送至监控后台

（1）内容描述。古泉换流站公用二次设备室设有两套直流故障测距装置，在低端调试期间，发现第一套故障测距启动后，动作信号未上送 OWS 后台，当班人员不能及时发现测距装置已启动，年度检修开展整改。

（2）完成情况。通过装置程序升级，将装置中原有的装置通信告警与装置告警信号合并为装置告警信号，同时增加装置启动信号，利用原有的装置通信告警信号回路上送后台。结合软件修改单（K-GQ-〔2020〕017）配合完成辅助系统控制（ASC）主机软件修改升级，完成后台事件描述修改。

图 4-12　电容介质损耗测量

3. 极 1 低端换流变压器 10 根联管更换

（1）内容描述。根据国网公司特高部 2019 年 11 月 18 日古泉换流站换流变压器分接开关整改措施讨论会会议纪要要求，现场需对换流变压器断路器进行不锈钢联管改造，2020 年 4 月 12 日古泉换流站现场完成 10 台低端换流变压器有载分接开关不锈钢联管改造工作。改造过程中，安徽电科院内窥镜检查发现部分联管内部出现焊渣，焊道焊伤现象，国网公司特高部要求，年度检修时对极Ⅰ低端 10 根不锈钢联管进行更换。

（2）完成情况。已完成极 1 低端 10 支联管更换工作，联管更换前进行相关检查无异常，更换后未发现渗漏油现象；对四台换流变压器分接开关油室进行油样检测，数据合格。

4. MR 分接开关同步器外部接线检查

（1）内容描述。2020 年 9 月 17 日，某换流站极 2 低端由降压运行方式自动转为全压运行方式（由 280kV 升至 400kV），升到 319kV 时，系统报分接开关不同步问题，原因为极 2 低端 Y/Y-B 相换流变压器分接开关油室内同步器触点（干簧管）损坏。古泉换流站共有 24 台换流变压器在运，每台换流变压器上装有一副双柱式 MR 分接开关，其结构、型号与该换流站相同，根据国网公司要求，古泉换流站于年度检修期间对相关 MR 分接开关同步器进行外部接线检查（包括回路绝缘测量、头盖接线盒密封、接线工艺以及电缆是否存在破损检查等）。

（2）完成情况。古泉换流站大修期间，完成全站 24 台换流变压器 48 个分接开关同步器接线盒检查，接线盒内接线紧固、无破损现象，密封性良好，无进水，绝缘良好。分接开关同步器外部接线检查如图 4-13 所示。

5. 换流阀阻尼电容连接片断裂隐患排查

（1）内容描述。2020 年 3 月，某换流站极 1 低端 Y/D-B 相换流阀第三层 M2 模块

A1组件阻尼电容连接片疲劳断裂。直流技术中心要求其余电容器组件采用卧式安装的换流站需结合年度检修开展阀塔各类金属连接片检查。古泉换流站双极高低端换流阀电容器组件采用卧式安装，按照相关要求，年度检修期间对4317个阻尼电容连接片展开隐患排查。

（2）完成情况。检查确认电容连接片外观良好，未出现断裂情况。阻尼电容连接片检查如图4-14所示。

图4-13　分接开关同步器外部接线检查

图4-14　阻尼电容连接片检查

6. 内冷水主泵系统止回阀故障隐患排查

（1）内容描述。2019年10月，某换流站阀冷系统主循环泵出口止回阀定位杆老化偏移失去限位作用，导致阀芯移位出现较大缝隙。根据国网公司直流技术中心安排，古泉换流站结合停电机会对主泵出口止回阀进行全面拆洗检查。主泵出口止回阀检查如图4-15所示。

（2）完成情况。2020年1月，古泉换流站利用直流系统轮停检修工作时间完成了极1高P01、极2高P01、极2低P01三个主泵出口止回阀的拆洗检查工作，2020年10月，年度检修期间对其他全部主泵系统止回阀完成检查，各止回阀弹簧弹性良好、功能正常，无锈蚀或断裂迹象。

7. 1100kV阀侧套管根部均压环加固

（1）内容描述。古泉换流站1月16日巡视过程中发现极2阀厅内高端换流变压器阀侧套管底部均压环上环下沉，经现场检查发现该底部均压环下环变形。最严重的YYC相阀侧2.1套管均压环距离套管约

图4-15　主泵出口止回阀检查

15cm，为保证均压环不接触到套管，需要新增支撑支架。均压环底部下沉如图4-16所示。

（2）完成情况。首先用绑带绑牢套管底部均压环，然后拆除均压环固定螺栓，将原固定螺栓更换为长螺栓，加装固定支撑支架，加装支撑支架后，阀侧套管底部均压环已无下沉风险。

8. 晶闸管TCU板隐患治理

（1）内容描述。古泉换流站投运以来，换流阀发生多起晶闸管无回报告警，其由晶闸管击穿和TCU异常故障导致，经分析原因为回报信号电路中三极管故障。2020年年度检修期间组织完成换流阀晶闸管TCU板更换。

图4-16　均压环底部下沉

（2）完成情况。更换全部TCU，TCU更换后全部通过换流阀晶闸管级高、低压等电气试验，设备正常未出现任何异常情况。

9. 1000kV T023断路器A相、T031断路器A相、T0312隔离开关A相超声波异常检查处理

（1）内容描述。古泉换流站通过带电检测发现1000kV T033断路器A相存在振动信号，现场开罐检查以及厂内解体发现断路器静侧刀口位置的屏蔽安装孔存在开裂和螺钉松脱问题。经解体分析以及故障复现试验判断，断路器屏蔽罩开裂主要原因是屏蔽罩部分紧固力矩不够以及防松胶涂抹不规范，导致屏蔽罩安装孔附近因金属疲劳开裂。通过专项带电检测发现与T033断路器A相超声波检测异常信号类似的还有T031断路器A相、T023断路器A相，2020年年度检修对上述两个断路器气室进行开罐检查，对开裂的断路器屏蔽罩进行更换，同时结合停电对前期出现振动信号T0312隔离开关A相气室进行检查。

（2）完成情况。T023断路器A相、T031断路器A相进行开盖检查，检查盖板上的吸附剂罩，螺栓紧固正常，未见屏蔽罩松动；对灭弧室静侧屏蔽罩进行检查，螺栓紧固正常，未见屏蔽罩松动；拆除静侧屏蔽罩螺栓后，屏蔽罩安装孔附近未见开裂；为进一步提高屏蔽罩紧固的可靠性，在壳体内部将屏蔽罩紧固螺钉处垫圈更换为外径增大的特殊垫圈，并对螺钉点胶紧固；检查断路器静侧端盖上的吸附剂罩，螺栓紧固正常，未见屏蔽罩松动；对断路器内部进行清理检查，未见异常，更换吸附剂后，复装检修人孔盖板。

在T0312隔离开关A相开盖检查中，检查盖板上的吸附剂罩，螺栓紧固正常，未见屏蔽罩松动；对动侧旋压屏蔽进行检查，螺栓紧固正常，未见屏蔽罩松动；拆除动侧旋

压屏蔽螺栓后，屏蔽罩安装孔附近未见开裂；取下动侧旋压屏蔽后对屏蔽罩内进行检查，未见异常；对隔离开关内部进行清理检查，未见异常，更换吸附剂后，复装检修人孔盖板。

复装后进行现场工频耐压试验和局部放电试验，检验结果合格，送电后对 T023 断路器 A 相和 T031 断路器 A 相进行超声波和特高频局部放电复测，超声振动信号消失，结果未见异常，T0312 隔离开关 A 相设备投运后超声波检测连续模式下的幅值大小以及相位模式下的图谱特征及幅值与 2020 年 9 月中旬（年度首检停电前最后一次带电检测）的带电检测结果相近，特高频局部放电检测结果未见异常。

10. 对零磁通 CT 模块进行精度校验和参数检查

（1）内容描述。对古泉换流站 8 台零磁通 CT 进行性能测试，开展二次电子单元精度测试、二次绕组电阻测量、二次绕组绝缘测量。

（2）完成情况。完成零磁通 CT 模块精度校验和参数检查，未见异常。零磁通 CT 模块的精度校验和参数检查如图 4-17 所示。

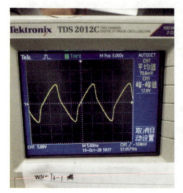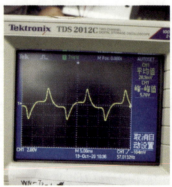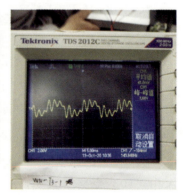

图 4-17　零磁通 CT 模块的精度校验和参数检查

11. 阀冷主备系统间单一通信故障情况下在线切换系统验证

（1）内容描述。2019 年 9 月，某换流站出现阀冷系统主备系统间通信故障。经分析，阀冷系统主用与备用 CPU 间设计有两路同步回路且传输信号完全相同。PLC 主备系统同步机制为当任意一路同步回路出现故障，冗余系统同步机制会将备用 CPU 停用，说明两路同步回路实际并不是完全独立冗余，如果由于主用控制系统的同步模块、同步光纤和 CPU 板卡内部处理同步数据的现场可编程门阵列（FPGA）等器件故障时将会导致同步回路故障，并退出完好的备用控制系统，保留存在异常的控制系统持续运行，存在运行风险。

2019 年 12 月，国网公司直流技术中心组织专项会议及厂内培训就阀冷系统主备系统间通信故障问题进行了深入交流，会议形成技术监督意见，即各换流站制定具体的应急处置方案，利用停电机会对阀冷系统主备系统间单一通信故障情况下可在线切换系统处理的可行性进行充分验证，进一步提升直流系统运行可靠性。模拟故障 CPU 工况如图 4-18 所示。

（2）完成情况。2020 年 1 月，古泉换流站利用直流系统轮停检修工作时间完成了极 2 低阀冷系统的阀冷主备系统间单一通信故障情况下在线切换系统验证工作，2020 年年度检修期间对其他三套阀冷系统

图 4-18　模拟故障 CPU 工况

完成验证，验证结果表明古泉换流站阀冷系统均具备阀冷主备系统间发生单一通信故障情况下在线切换系统的能力。

12. 电容式电压互感器（CVT）二次电缆破损情况检查

（1）内容描述。结合停电对所有 CVT 二次电缆破损情况进行检查，包括端子箱、电缆沟二次电缆外观检查，回路绝缘检查，接线盒检查三部分。

（2）完成情况。完成 1000kV 所有间隔，500kV 古峨 5733、古溪 5734、古繁 5731、古昌 5732、古敬 5307、古亭 5308 线，第一、二、三大组滤波器间隔、换流变压器 CVT 二次电缆破损检查，未发现破损情况。

13. 分接开关 PT100 接线盒等设备附件专项检查

（1）内容描述。针对换流变压器分接开关 PT100 接线盒等设备附件进行专项检查。

（2）完成情况。完成 24 台换流变压器 48 台分接开关 PT100 接线盒检查，无异常。分接开关 PT100 接线盒等设备附件检查如图 4-19 所示。

图 4-19　分接开关 PT100 接线盒等设备
附件检查

4.3.5　消缺重点工作

1. 零磁通 CT 专项检查发现绝缘子伞裙开裂

（1）内容描述。2020 年 10 月 16 日，古泉换流站在 2020 年度综合检修过程中发现三支零磁通 CT 套管存在端部伞裙开裂现象，设备点位分别为极 1 中性线零磁通电流互感器 T1（＝P1-WN-T1）、极 2 中性线零磁通电流互感器 T2（＝P2-WN-T2）和金属回线零磁通电流互感器 T2（WN-T2）套管一端的端部。

（2）完成情况。针对换流站零磁通 CT 套管端部伞裙裂纹问题，采用硅橡胶修补剂进行现场修补，对硅橡胶伞裙端部的裂纹及周围进行清洁，待清洁表面干燥后，通过硅橡胶修补剂均匀填充裂缝。在伞裙表面涂抹均匀后，完成修补干燥。零磁通 CT 绝缘子伞裙修补前后对比如图 4-20 所示。

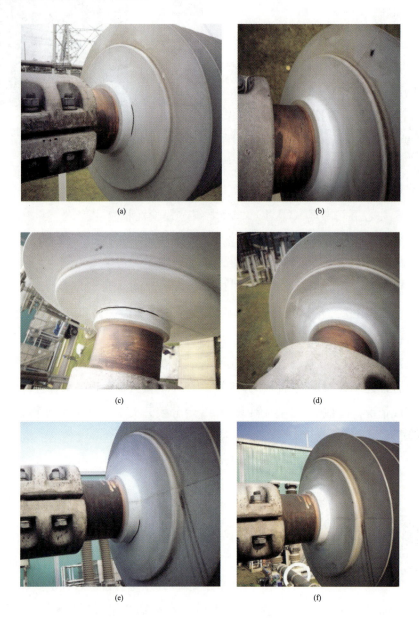

图 4-20　零磁通 CT 绝缘子伞裙修补前后对比

（a）极 1 中性线零磁通（修补前）；（b）极 1 中性线零磁通（修补后）；（c）极 2 中性线零磁通（修补前）；

（d）极 2 中性线零磁通（修补后）；（e）金属回线零磁通 CT（修补前）；（f）金属回线零磁通 CT（修补后）

2. 5633 小组滤波器 A 相 C1 不平衡电流偏大

（1）内容描述。500kV 5633 小组滤波器 A 相 C1 不平衡电流与 B、C 相差别较大，达到 30mA，其他两相均为 10mA 以下，经测量为 A 相 C1 电容器桥臂电容不平衡导致。

（2）完成情况。现场通过测量 C1 的桥臂电容以及单只电容器的电容量，并对电容器桥臂进行配比，调换 B5 电容、A1 电容位置后，A 相不平衡电流与其他两相基本一致。电容器位置对调现场如图 4-21 所示。

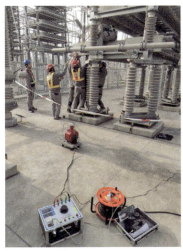

图 4-21　电容器位置对调现场

3. 极 2 户内直流场 T10205 隔离开关放电痕迹

（1）内容描述。极 2 户内直流场 T10205 隔离开关引弧触头存在放电痕迹。

（2）完成情况。现场检查发现户内直流场内 T10205 隔离开关引弧触头存在明显放电痕迹，对引弧触头放电痕迹进行打磨处理后开展主通流回路检查，未见异常，设备可正常运行。T10205 隔离开关引弧触头处理前后如图 4-22 所示。

(a)　　　　　　　　　　　　　　　　(b)

图 4-22　T10205 隔离开关引弧触头处理前后

（a）处理前；（b）处理后

4. 极 2 低 E1. TT01 进阀温度传感器接线盒积水

（1）内容描述。极 2 低阀冷进阀温度传感器 TT02 后台比 TT01、TT03 显示温度约低 10℃，检查发现有水迹。清理水迹后恢复正常。大修再次检查时，发现传感器接线盒仍然有水迹，有误报甚至跳闸隐患。

（2）完成情况。更换极 2 低阀冷进阀温度传感器 TT02，后续跟踪观察，未再有水迹。极 2 低 E1. TT01 进阀温度传感器接线盒积水处理如图 4-23 所示。

图 4-23　极 2 低 E1. TT01 进阀温度传感器
接线盒积水处理

5. 极 2 高端换流变压器 T1212B A 相补油

（1）内容描述。2020 年 10 月 8 日，古泉换流站巡视发现极 2 高端 YD-A 相换流变压器本体油位为 23.2%，其他两相均为 60% 左右。

（2）完成情况。年检期间，通过对本体排油阀闭、合位置重新进行调整，检查不再渗油，并验证泄漏报警仪功能正常。由于极 2 高 YD-A 相换流变压器本体油位过低，年检期间对其进行补油。

6. 消防系统"第五回路接地故障"处理

（1）内容描述。消防后台频发"极 2 高 HD 换流变压器 A 相 1 号紫外火警""极 2 低 LD 换流变压器 C 相 3 号紫外火警""极 2 高 HD、HY 换流变压器防火阀控制故障""极 2 低 LD、LY 换流变压器防火阀控制故障"，瞬时复归，现场检查设备无明显异常。另消防主机后台频发第五回路接地故障。

（2）完成情况。判断上述报警为第五回路接地引起。对极 2 低端感温电缆模块箱内总线电缆，采用分段测试绝缘电阻的办法，最终确定为极 2 低换流变压器星形接线 C 相至极 2 低换流变压器三角形接线 A 相总线电缆绝缘较低，更换新电缆后，绝缘测试合格，设备运行正常。更换的总线电缆如图 4-24 所示。

7. 极 1 户内直流场消防动作无法切断空调电源

（1）内容描述。极 1 户内直流场消防动作无法切断空调电源。按规程要求，消防动作的同时，空调电源需切除，年检过程中发现该功能无法正常实现。

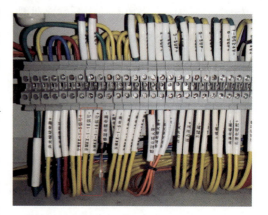

图 4-24　更换的总线电缆

（2）完成情况。火灾报警动作后会启动电切模块，电切模块会启动中间继电器，在继电器的线圈电源上串接一个二极管，由于此二极管接反，导致继电器线圈不能接收到24V电源，所以不能吸合，调整二极管正负接线后，继电器正常。接反的二极管如图4-25所示。

8. 极1、2户内直流场消防炮泡沫罐漏液

（1）内容描述。极1、2户内直流场消防炮泡沫罐在排气阀处漏液。

（2）完成情况。检查发现进水阀和出液阀

图 4-25　接反的二极管

均为打开状态，这种状态下，水和泡沫液会混合，排气阀处漏液可能由胶囊破裂、水和泡沫混合造成。将泡沫液放空后，进行注水加压试验，经检测确认，胶囊无破损、渗漏迹象，再在出液阀上加装止回阀，避免水和泡沫液混合。罐中泡沫液全部进行更换。加装的止回阀如图4-26所示。

9. 反渗透系统在维护模式下VK03电动断路器常开无法关闭以及反渗透高压泵无法在线调整频率

（1）内容描述。维护模式下VK03电动断路器常开无法关闭，导致在维护模式下，缓冲水池液位由于和工业水池存在液位差，一直在上升，而VK03应该在需要补水时才打开；反渗透高压泵无法在线调整频率，导致高压泵的功率无法调整，在冬天膜的特性发生变化阻力增大时，无法调大泵的功率。

（2）完成情况。古泉换流站年度检修期间专项进行了阀冷反渗透系统软件升级工作，问题已解决。

图 4-26　加装的止回阀

5 调相机首检管理

调相机首检期间，古泉换流站合理组织安排，始终坚持"区域化、明责任"的原则，将调相机检修工作细化到每一个作业面；古泉换流站充分发挥全员作用，专项工作专人负责；古泉换流站主动推动工作，从运维专业把控调相机首检现场工作流程和安全措施；在保证调相机现场工作有序、有效正常开展的情况下，古泉换流站合理组织安排人员，全程跟踪调相机首检各个作业面，保证调相机检修工作高效、高质量地完成。调相机首检期间共执行操作任务 56 个、操作步骤 2272 项，办理工作票 7 张，全程管控作业现场 8 个。调相机年度检修工作一共分为三个阶段：①第一阶段：9 月 29 日至 10 月 13 日，进行 1 号机首检例行检修项目、隐患排查及消缺等工作；②第二阶段：10 月 14 日至 11 月 12 日，进行 1、2 号机首检例行检修项目、隐患排查及消缺等工作；③第三阶段：11 月 13 日至 11 月 27 日，2 号机首检例行检修项目、隐患排查及消缺等工作。针对调相机三个阶段工作，古泉换流站主要进行以下准备工作：

（1）提前准备及审核/预许可调相机首检的操作票与工作票、运维管理方案、技术措施、安全措施、运行值班安排，编制运行监盘要求、设备巡视要求，并进行倒闸操作管理、检修工作管理、设备复役等工作。

（2）调相机 2020 年度首检期间准备开展实施的隐患治理工作。

（3）不同阶段现场安全措施的布置以及现场作业人员的安全管控。

（4）提前编制调相机投运前检查表共 3 大类，29 个主表。

（5）围绕调相机 2020 年首检期间工作，提前编制安全口袋书、安全折页、安全宣传栏等。

（6）提前做好施工人员、车辆的进站管理。

（7）提前梳理接地线、标示牌和安全围栏等安全工器具是否充足完好。

（8）组织开展安全交底、协调会。

（9）提前完成调相机缺陷的梳理工作，安排专人跟踪消缺。调相机首检工作累计开展例行检修 37 项、隐患治理 17 项、特殊性检修 2 项，重点检查验证项目 26 项，消除缺陷 39 条。

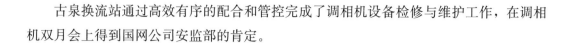

古泉换流站通过高效有序的配合和管控完成了调相机设备检修与维护工作，在调相机双月会上得到国网公司安监部的肯定。

5.1 首检准备及管控措施

5.1.1 准备情况❶

（1）古泉换流站高度重视调相机 2020 年首检工作，通过将古泉换流站四阀组轮停现场管控经验与兄弟单位换流站年检安全管控经验结合，提前组织编制《古泉换流站年度检修运行管理工作方案》，梳理调相机现场检修项目、隐患排查项目、技术改造项目等工作，明确"区域化，责任制"的原则。古泉换流站坚持现场作业风险和疫情防控要求"一手抓、同时紧"，紧抓首检"外委人员多、特种作业多、作业面多、专业多"等关键风险管控，紧盯"计划管理、队伍管理、人员分工、现场布控"的工作要求，实现防疫和安全生产双胜利，同时明确调相机年度检修期间的技术措施、安全措施、运行值班安排，运行监盘要求、设备巡视要求、运维管控措施、倒闸操作管理、检修工作管理、设备复役等工作。

（2）依据《快速动态响应同步调相机组检修规范》（Q/GDW 11937—2018）、《国家电网公司直流换流站检修管理规定（试行）》［国网（运检/3）915—2018］、《国家电网公司直流换流站检测管理规定（试行）》［国网（运检/3）913—2018］、《输变电设备状态检修试验规程》（Q/GDW 1168—2013）等相关技术标准、规程、制度的要求，结合设备运行缺陷、精益化检查、隐患排查成果，以及其他工程运行经验，梳理需要结合调相机 2020 年度检修开展实施的例行检修项目 13 项，特殊检修项目 2 项，隐患治理 17 项，重点检查验证项目 26 项，缺陷 39 条，提前联系厂家及安徽电科院相关负责人与站内区域责任人相互配合，及时推进现场工作开展，同时站内区域责任人每日进行现场例行检修项目的跟踪以及重点项目的及时汇总汇报等。隐患治理整改项目工作安排、重点检查验证项目工作安排分别见表 5-1、表 5-2。

表 5-1   隐患治理整改项目工作安排

序号	隐患治理整改内容	隐患治理整改项目实施情况
1	油、水管道现场安装焊缝无损检验比例较低，调相机油水管道大部分选用不锈钢管材，管壁薄，焊缝层道数少，可能存在贯穿性缺陷	探伤工作已结束，厂家已出说明

---

❶ 部分调相机首检管理内容参见第 3、4 章内容。

续表

序号	隐患治理整改内容	隐患治理整改项目实施情况
2	调相机轴承座油挡衬垫，湘潭站大修期间发现衬垫老化，古泉换流站采用同一型号	已更换垫片
3	外冷水电动滤水器过滤网选型是否合适	检查结果原选型合适，满足运行需求
4	运行维护过程中有时会发生内冷水、外循环水流量开关报警的情况，经检查，仪表排污门排水较脏，可能影响仪表的准确测量	已处理
5	除盐水系统加药系统附近存在药品泄漏，导致电缆槽盒、设备及地面腐蚀	已处理
6	内冷水、外循环水系统补水源未化验含盐量、氯离子、浓缩倍率、pH、硬度、总磷等指标，可能对超滤装置、反渗透膜效率有影响	已对补水源进行取样分析
7	调相机系统当给缓冲水池补水时，补水总时长2h，期间无法给除盐水系统原水箱补水，导致原水箱水位下降较大	阀门于12月10日具备发货条件
8	反渗透装置底部支架与地面固定部分出现锈蚀	已处理
9	调相机润滑油泵切换时油压异常：上电调相机润滑油系统故障，切泵过程中润滑油母管压力低出现，导致调相机跳机	已完成待验收
10	排油烟风机热继电器动作：润滑油系统排油烟风机在正常运行过程中由于风机蜗壳积油过多，导致电机启动过程中发生堵转，运行电流超过定值，导致热继电器动作，启动接触器跳开	已处理
11	润滑油系统渗漏油：润滑油系统温控阀顶部调节螺栓只有螺纹密封，存在渗油	已处理
12	润滑油泵周期切换时主用泵交流空气断路器跳开：油压低联启备用泵＋直流油泵压力开关值为0.53MPa，接近正常运行压力0.58MPa，润滑油泵周期切换时，投入备用泵后，切除主用泵的过程中，存在交流油泵出口总管压力低于0.53MPa，联启停止的交流泵和直流泵，频繁启动造成其跳闸	已处理
13	内冷水系统水泵漏油问题：调相机站定、转子冷却水系统水泵在多站出现渗、漏油情况	已处理
14	外冷水系统开式冷却塔堵塞及藻类滋生问题：冷却水塔底部水池为未封闭状态，长期暴露在环境中，容易受环境影响积累淤泥与杂物，并且由于长期受到阳光直射，在水池壁以及挡水板处容易滋生藻类	已处理
15	开式冷却塔底部不锈钢板等连接螺栓、壁板接缝处易锈蚀问题：开式冷却塔底座不锈钢板存在不同程度的锈蚀情况，部分站局部腐蚀点已有渗漏现象，不锈钢百叶窗焊点、铆钉等部位也存在多处锈蚀现象	已处理

表 5-2 重点检查验证项目工作安排

序号	重点检查验证项目内容	完成情况
1	转子水流量试验	已完成
2	定子和转子水压试验及电气试验	已完成
3	轴瓦无损检测	已完成

序号	重点检查验证项目内容	完成情况
4	定子测温元件检查	已完成
5	轴系振动及超速在线监测与保护装置专项检查	已完成
6	主机复装动静部件间隙检查	已完成
7	转子对地绝缘检查	已完成
8	一次设备及动力电缆绝缘检查	已完成
9	汇控柜、端子箱及机构箱、保护屏柜等跳闸出口相关回路绝缘检查、接线紧固	已完成
10	励磁系统限制、保护功能检查	已完成
11	励磁系统风机电源切换试验	已完成
12	油系统联锁试验	已完成
13	热工跳机主保护联锁试验	已完成
14	二次设备整组传动试验检查	已完成
15	油、水品质检测	已完成
16	油、水系统螺栓力矩检查	已完成
17	油、水系统表计对比核查	已完成
18	定、转子水系统流量开关及变送器专项检查	已完成
19	升压变压器储油柜胶囊泄漏检查、储油柜油位检查	已完成
20	升压变压器气体继电器浮球检查、集气情况检查，集气盒排气检查	已完成
21	升压变压器气体继电器校验	已完成
22	升压变压器油温表、绕温表计校验	已完成
23	升压变压器冷却器动力回路检查	已完成
24	升压变压器通流回路力矩、直阻检查	已完成
25	升压变压器 SF_6 微水、分解物、纯度检测	已完成

（3）调相机 2020 年首检工作期间，作业面较广，作业人员多，在坚持防控新冠肺炎疫情的情况下，为保证现场安全生产可控，采用硬质围栏将作业区域和运行区域充分隔离；作业人员集中凭证件出入，严格管控作业人员进出古泉换流站设备区域与检修区域；按照停电计划、检修内容，调相机年度检修工作一共分为三个阶段，提前分时段绘制调相机隔离措施布置图 13 个，以确保调相机检修期间 70 多名参检人员安全、有序地抵达工作地点开展工作，起到了良好的警示和引导作用。调相机各阶段隔离措施布置如图 5-1 所示。

（4）提前编制方案及作业指导卡。总体方案依据《快速动态响应同步调相机组检修规范》（Q/GDW 11937—2018，以下简称《调相机组检修规范》）编写，并经过各参检单位内审、超高压公司汇总初审、国网安徽公司终审的三级审批流程，涵盖年度检修的编制依据、工作内容、检修任务、组织措施、安全措施、技术措施、物资采购保障、进度管控保障、检修验收工作、作业面方案等十方面内容，并为每个作业面编制了详细的作业方案。古泉换流站在年度检修开展前统筹安排各参检单位进行了现场勘查，提前做好检修准备，按照《调相机组检修规范》要求编制 38 个作业面作业方案，经审批通过后执行，有效加强了现场管控。根据标准化作业和《调相机组检修规范》要求，按照总体方案和作业面方案明确的项目内容，进一步细化编制了年度检修标准化作业指导卡。每一台设备对应一份标准化检修作业指导卡和标准化试验作业指导卡，细化作业管控。

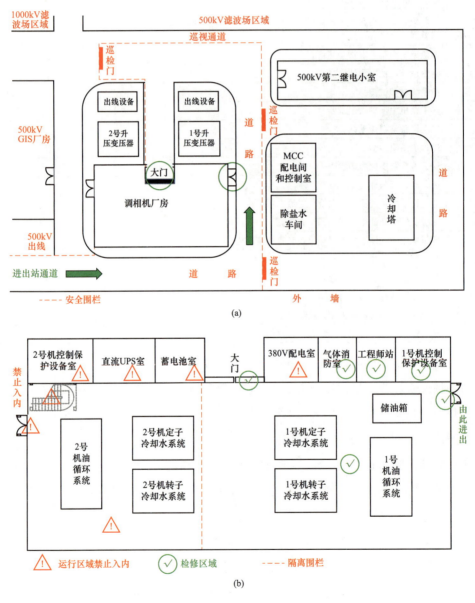

图 5-1　调相机各阶段隔离安全措施布置（一）

（a）第一阶段厂区隔离安全措施；（b）第一阶段 0m 层隔离安全措施

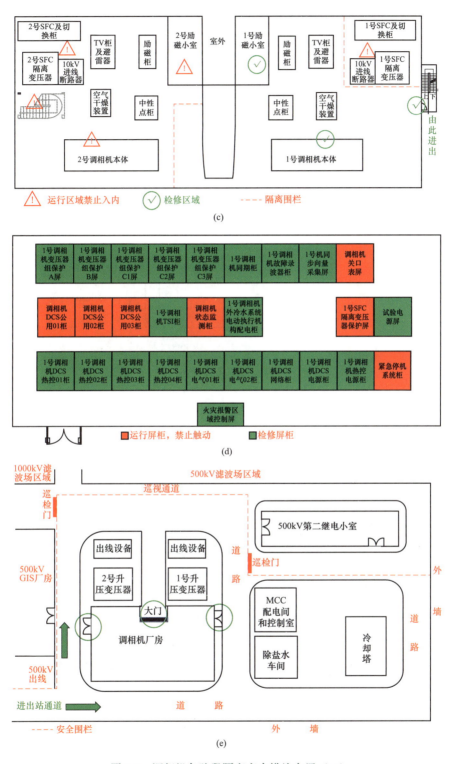

图 5-1　调相机各阶段隔离安全措施布置（二）

（c）第一阶段 4.5m 层隔离安全措施；（d）第一阶段 1 号机继电保护小室隔离安全措施；（e）第二阶段厂区隔离安全措施

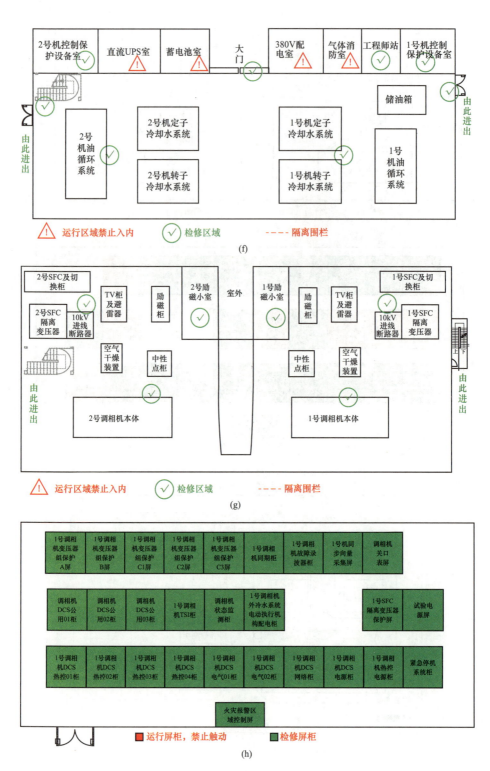

图 5-1 调相机各阶段隔离安全措施布置（三）

（f）第二阶段 0m 层隔离安全措施；（g）第二阶段 4.5m 层隔离安全措施；（h）第二阶段 1 号机励磁小室隔离安全措施

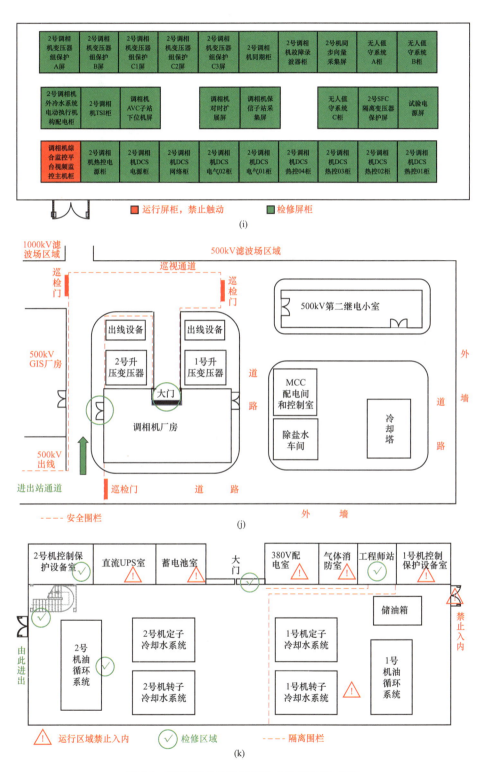

图 5-1 调相机各阶段隔离安全措施布置（四）

（i）第二阶段 2 号机励磁小室隔离安全措施；（j）第三阶段厂区隔离安全措施；（k）第三阶段 0m 隔离安全措施

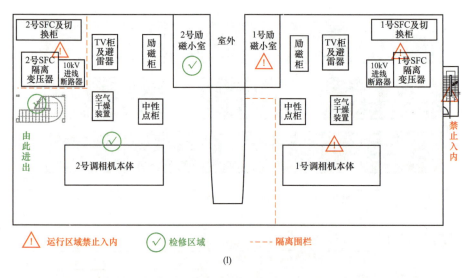

(l)

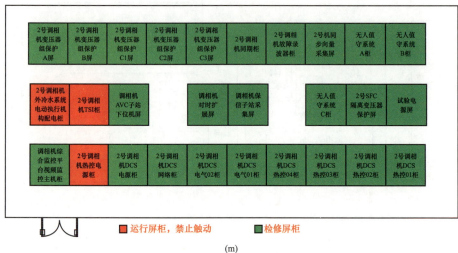

(m)

图 5-1　调相机各阶段隔离安全措施布置（五）

（l）第三阶段 4.5m 层隔离安全措施；（m）第三阶段 2 号机励磁小室隔离安全措施

（5）提前编制调相机投运前检查表共 3 大类，29 个主表，附表包含调相机主机及在线监测系统、封闭母线及空气循环系统、机端 TV、励磁系统（含启动励磁）、润滑油及油净化系统、定子内冷水及加药系统、转子内冷水及加碱系统、调相机—变压器组保护及自动装置、分散控制系统（DCS）设备、升压变压器及附属设备、空调及消防系统等设备的状态检查，为确保设备投运后符合相关规程和实际要求，古泉换流站在 7～10 月多次组织当值运维人员在每日例行巡视期间，将所编制的投运前检查表对照现场设备反复核查确认。并按照停电计划精心组织投运前检查工作，具体到区域责任人，确保调相机所有设备复役前都能高效率完成投运前检查工作，做好调相机设备复役前的最后一次"体检"。投运前检查表如图 5-2 所示。

1号调相机进线GIS设备投运前检查表.doc

1号调相机离相封闭母线系统设备投运前检查表.doc

1号调相机励磁系统设备投运前检查表.doc

1号调相机内冷水系统设备投运前检查表.doc

1号调相机盘车装置投运前检查表.doc

1号调相机润滑油系统设备投运前检查表.doc

1号调相机主机设备投运前检查表.doc

1号升压变压器投运前检查表.doc

2号调相机进线GIS设备投运前检查表.doc

2号调相机离相封闭母线系统设备投运前检查表.doc

2号调相机励磁系统设备投运前检查表.doc

2号调相机内冷水系统设备投运前检查表.doc

2号调相机盘车装置投运前检查表.doc

2号调相机润滑油系统设备投运前检查表.doc

2号调相机主机设备投运前检查表.doc

2号升压变压器投运前检查表.doc

调相机DCS系统投运前检查表.doc

调相机10kV站用电断路器柜设备投运前检查表.doc

调相机400V站用电断路器柜设备投运前检查表.doc

图 5-2　投运前检查表

（6）围绕调相机 2020 年首检期间工作提前编制安全口袋书、安全折页、安全宣传栏，制定安全口袋书，针对高风险项目制作教育小视频，并以二维码形式展示，制作行为对照检查漫画，确保每名现场施工人员都可以便捷、准确地找到参考答案。

（7）提前做好施工人员、车辆的进站管理。加强设备、工器具台账审核登记管控，尤其是大型吊车，优化车辆报审流程。增设身份识别和测温仪器，确保进站效率和防疫安全。

（8）提前梳理接地线、标示牌和安全围栏等安全工器具是否充足完好，保证安全工器具种类齐全、数量充足、质量合格。需补充的标示牌见表 5-3。

表 5-3　　　　　　　　　　　需 补 充 的 标 示 牌

种类	数量
在此工作（250×250）	147
在此工作（80×65）	10
从此进出（250×250）	87
从此上下（250×250）	55
禁止合闸，有人工作（200×160）	96
禁止合闸，有人工作（80×65）	57
禁止合闸，线路有人工作（200×160）	60
禁止合闸，线路有人工作（80×65）	74
禁止分闸（200×160）	68

续表

种类	数量
禁止分闸（80×65）	9
禁止攀登，高压危险（200×160）	31
止步，高压危险（200×160）	79
注意上方母线带电	26

（9）组织开展安全交底、协调会。调相机 2020 年度首检前古泉换流站组织安徽送变电、安徽监理、上海电机厂有限公司等参建单位工作负责人、技术人员等近 40 人开展调相机设备首检开工前技术、安全交底会议，对调相机设备 2020 年度首检期间关键作业工作计划进行宣贯，并对一、二次安全隔离措施、技术措施，现场关键作业工序注意事项和安全风险点、安全管控要求等方面进行培训交底。分专业、有计划地组织施工单位、监理单位、设备厂家召开"线上＋线下"协调会，讨论调相机 2020 年度首检各阶段工作安排、需要协调的问题、消缺工作等，用安全可靠的隔离措施、行之有效的管控措施来确保调相机首检高效、高质量地完成检修工作。开工前再次组织开展安全交底，如图 5-3 所示。

图 5-3　开工前再次组织开展安全交底

（10）工作前移，主动组织工作票提前集中审核，督促施工单位提供典型工作票，提前完成工作票审核，编制硬隔离措施，开展工作票预许可，工作许可人与工作负责人一一对接，到现场逐一核对设备双重名称、位置，提高首日工作票许可效率，确保调相机 2020 年度首检工作及早开工。

（11）提前完成调相机 39 条缺陷的梳理工作，按"区域化，明责任"的原则，保证每条缺陷都有人跟踪，方便掌握调相机 2020 年度检修期间消缺工作的具体进展情况。调相机缺陷梳理及工作安排见表 5-4。

表 5-4　　　　　　　　　　　　调相机缺陷梳理及工作安排

序号	设备名称	设备类型	缺陷内容
1	定子	主机	1号调相机出线端压圈外圆温度1测点异常
2	定子	主机	本体温度测点中,1号调相机定子下层线棒出水温度(CT 201)显示100℃,其他正常室温34℃
3	定子	主机	本体监测3定子铁芯背部热风2温度异常,一直为0
4	定子	主机	本体监测2出线端压圈外圆温度3异常,一直为0
5	定子内冷水	辅助系统	定子冷却水泵油杯的油封渗油
6	定子内冷水	辅助系统	定子水箱侧面回水电动门关不到位
7	转子内冷水	辅助系统	转子冷却水泵油杯的油封渗油
8	润滑油及油净化	辅助系统	润滑油系统切泵后备用润滑油泵脱扣
9	润滑油及油净化	辅助系统	润滑油集装装置节流阀渗油
10	监测装置	辅助系统	碳粉收集装置PM10故障且对时异常
11	润滑油及油净化	辅助系统	起机后,顶轴油母管压力降至3.54MPa,2号机直接降为0
12	本体	本体	1号调相机出线端轴承入口孔板前压力表处渗油
13	盘根	本体	1号机盘根漏水
14	监测装置	辅助系统	1号机轴电流装置误报警
15	转子内冷水	辅助系统	1号机转子水系统膜碱化净化装置控制柜内碱液药箱腐蚀严重
16	润滑油及油净化	辅助系统	1号机充油截止阀两侧法兰渗油
17	定子内冷水	辅助系统	2号调相机定子冷却水泵油杯的油封渗油
18	定子内冷水	辅助系统	2号调相机定子水箱侧面回水电动门关不到位
19	润滑油及油净化	辅助系统	2号调相机润滑油系统切泵后备用润滑油泵脱扣
20	润滑油及油净化	辅助系统	2号调相机润滑油集装装置节流阀渗油
21	转子冷却水	辅助系统	2号机转子冷却水温度调节阀手动状态
22	盘根	本体	2号机盘根漏水
23	转子内冷水	辅助系统	2号调相机转子冷却水泵油杯的油封渗油
24	转子内冷水	辅助系统	2号调相机转子水泵轻微漏水
25	监测装置	辅助系统	2号机碳粉收集装置PM10排放浓度越高限报警
26	监测装置	辅助系统	2号机安全监视系统(TSI)偶发性故障报警
27	中性点接地柜、机端PT、故障录波	辅助系统	2号机机端电压B相三次谐波频繁触发故障录波问题
28	监测装置	辅助系统	2号机轴电流装置误报警
29	转子内冷水	辅助系统	2号机转子水系统膜碱化净化装置控制柜内碱液药箱腐蚀严重
30	润滑油及油净化	辅助系统	2号机顶轴油供油母管压力表计内防震液渗漏
31	外冷水系统	公用系统	调相机外冷却塔外壳多处渗水,导致外壳脏污
32	外冷水系统	公用系统	拉合500kV 5011和5013断路器进行站用电切换时,调相机外冷水电动机构配电屏内控制电源跳开,电机控制中心(MCC)配电间循环水泵配电柜内B泵电源跳开
33	外冷水系统	公用系统	外冷却塔三号冷却塔旁有水藻
34	外冷水系统	公用系统	调相机冷却塔回水流量计故障

续表

序号	设备名称	设备类型	缺陷内容
35	162B站用变压器带电显示装置	带电显示装置	调相机162B站用变压器B相带电显示装置故障
36	外冷水系统	公用系统	外冷水电动滤水器检修阀漏油
37	在线监测	公用系统	调相机在线监测柜内主机经常死机
38	除盐水设备	公用系统	除盐水设备间还原剂箱计量泵出口渗水
39	除盐水设备	公用系统	除盐水设备间还原剂箱计量泵出液口球阀上方管路漏水

5.1.2 检修期间计划管控

为确保调相机2020年度长达60天的检修工作能顺利推进，在坚持防控新冠肺炎疫情和安全生产的情况下，实现各项作业面有效管控，古泉换流站组织站内运维人员，一是集中人力精力做好工作计划安排，二是加强班组成员对于调相机作业面、检修项目、隐患排查项目、重点验证项目以及缺陷消除等工作计划的了解，做好工作计划的沟通协调，现场及时解决存在的问题。通过此次人员的合理安排，既保证了运行人员的饱满精神面貌，又可以高效率、高质量地完成调相机检修工作目标。

5.1.3 倒闸操作

运行人员认真对待每一次操作，每一份操作票都经过现场核对、模拟预演、安全交底、签字确认后再逐条执行，此次大修共执行操作任务56个、操作步骤2272项。操作前安全交底如图5-4所示。

图 5-4 操作前安全交底

（1）为了确保操作过程不出差错，运维人员提前一个月开始准备停复役操作票，保证操作能够有序开展。具体工作如下：①古泉换流站组织提前编写首检操作票，明确操作人员分工，由实际操作人填写操作票，保证操作人员充分熟悉操作票；②提前组织操作预演，确保操作人员在操作前再次熟悉现场，并再次核对操作票，保证票面正确性。

（2）合理安排人员。操作过程中转场耗费时间长，为提高操作效率，两个班组协同合作，根据班组人员技能水平的高低，按照"老带新"的原则合理安排操作人员，多组操作力量并肩协作，确保操作正确、流畅。

5.1.4　工作许可

调相机年度检修中，运维人员分阶段许可工作票，共许可7张工作票。部分工作票采用总分工作票形式，共有7个作业面。运维人员严格按照《国网安徽省电力有限公司变电工作票管理规定》，现场许可，同工作负责人到现场检查所做的安全措施，对具体的设备指明实际的隔离措施，证明检修设备确无电压，对工作负责人指明带电设备的位置和注意事项。运维人员在整个工作票许可过程中分工明确、有条不紊，在首检当日上午顺利完成了调相机第一阶段工作票的许可。

（1）积极推动工作票流程。

1）调相机分系统多，作业面广，施工单位多，古泉换流站提前梳理工作内容、工作计划，与施工单位协商确定调相机第一阶段工作票1张、分工作票7张，第二阶段工作票3张、分工作票5张，第三阶段工作票3张。考虑到调相机站用电系统无法全部停电，检修期间油水管道阀门、水泵等设备需要带电调试，运维人员与施工单位协调确定调相机低压直流系统及站用电系统检修跟随站内其他同类型设备一起检修，不包含在调相机检修工作票中。

2）《安规》规定第一种工作票应至少在工作前一日送达变电运维人员。运维人员考虑到调相机工作内容多，工作票审核难度加大，督促施工单位提前完成工作票填写并送达运维人员。古泉换流站召集所有运维班组召开工作票审核会议，把审核工作票中遇到的问题及时反馈给施工单位。运维人员根据古泉换流站制定的首检期间工作票许可清单，跟进负责相应的工作票修改进度。古泉换流站首检期间工作票许可清单如图5-5所示。

（2）提前布置安全措施。

1）古泉换流站根据调相机不同阶段的工作内容提前绘制隔离安全措施警示图，并将其放置在调相机走道闸机入口处，提醒每一个进场的施工人员。运维人员根据现场设备状态变更及时更换隔离安全措施警示图。

序号	工作内容	计划许可时间	备注
1	极Ⅰ高端、极Ⅰ低端阀厅；极Ⅰ高端、极Ⅰ低端换流变压器一次设备检修、预试；阀冷等辅助设备检修	10.12	一票
2	极Ⅱ高端、极Ⅱ低端阀厅及换流变压器一次设备检修、预试；阀冷等辅助设备检修	10.12	一票
3	极Ⅰ户内直流场，极Ⅱ户内直流场，户外直流场检修预试，辅助系统检修	10.12	一票
4	极Ⅰ高端阀组、极Ⅰ低端阀组蓄电池充放电试验，极Ⅰ高端、极Ⅰ低端低压直流系统检修，极Ⅰ低端UPS切换试验	10.12	二票
5	极Ⅱ高端阀组、极Ⅱ低端阀组蓄电池充放电试验，极Ⅱ高端、极Ⅱ低端低压直流系统检修，双极二次设备间直流系统检修	10.12	二票
6	主控楼站公用蓄电池充放电试验	10.12	二票
7	控制保护系统检修	10.12	一票
8	1000kV 1号母线、1000kV 2号母线、湖泉Ⅰ线、湖泉Ⅱ线、1000kV 61号母线串内及出线设备、1000kV 62号母线串内及出线设备、极Ⅰ低端换流变压器串内及出线设备、极Ⅱ低端换流变压器串内及出线设备检修，91小室相关二次设备检修。1000kV GIS消缺，视频监控等辅助设备检修	10.12	一票
9	1000kV 第一大组滤波器围栏外一、二次设备检修、预试，1000kV 第二大组滤波器围栏外一、二次设备检修、预试；视频监控等辅助设备检修；光CT深度维保	10.12	一票
10	500kV 第一大组滤波器围栏内一次设备检修、预试；500kV 第二大组滤波器围栏内一次设备检修、预试；500kV 第三大组滤波器围栏内一次设备检修、预试；光CT深度维护	10.12	一票
11	消防系统检修	10.12	一票
12	换流变压器智能巡检平台建设	10.12	一票
13	接地接地极一次设备、二次设备、在线监测设备检修、试验、消缺（含10kV进线设备）	10.13	一票
14	5062断路器、5063断路器间隔一、二次设备检修；第二大组滤波器围栏外设备及其二次设备检修。5072断路器、5073断路器间隔一、二次设备检修；第三大组滤波器围栏外设备及其二次设备检修；工业视频监控系统检修	10.14	一票
15	调相机三个区域综合检修，主机系统、油水系统、管道检修	10.14	一票

图 5-5 古泉换流站首检期间工作票许可清单

2）梳理出能提前布置、不影响设备运行的安全措施，如安全标识牌、安全围栏等，在开工前一天提前布置完成。

3）根据工作内容，合理确定升压变压器低压侧接地线悬挂位置，为施工单位减少实际作业中的工作量，提高安全可靠性。

现场安全措施如图 5-6 所示。

（3）提前一天完成工作票预许可。调相机检修工作票内容及安全措施繁多且复杂，开工当天现场许可耗时较长，影响工作进度。为提高许可工作效率，古泉换流站组织运维人员和工作负责人提前一天完成工作票预许可工作，按照正常流程现场录音许可，附图带电部位描红。工作票第7项待停电正式许可后签字，大大提高了工作效率。

（4）实行调相机专项负责人制。调相机检修工作与直流大修工作同时开展。运维人员既要有人负责监盘，又要有人负责跟踪管控作业面，给班组人员安排带来了很大的考

图 5-6　现场安全措施

验。古泉换流站提出调相机专项负责制的想法，一个值选取一名运维人员全程跟踪调相机检修工作，每日工作票开工、收工、现场开展的工作和需要的协调配合及时在工作微信群里汇报，根据古泉换流站制定的每日作业流程，专人专项负责大修各项工作有序推进。每日作业流程如图 5-7 所示。

一号调相机年度检修进站作业流程				
序号	工作流程	措施	负责人 一号调相机检修(总票)5人	负责人 主机、在线监测及封母检修(分票)30人
准备	安措布置(装设接地线)		运行： 施工：	运行： 施工：
1	工作票电子版提前报送，现场履行双签发手续	双方签发人确认可以签发	施工：	施工：
2	运行填写完毕工作票安全措施后，通知工作负责人		施工：	施工：
3	工作票编号		古泉站_-安徽送变电工程有限公司电气施工队20200928001	古泉站_-安徽送变电工程有限公司电气施工队20200928001-01
4	工作区域		1号调相机区域	1号调相机区域
5	以工作票为单位工地监督人点名核对人数、体温进行监督核实，监理见证(红外人脸识别一体检查)	查看测温记录		
6	工地监督人、监理与工作负责人核对作业人员	站外点名确认人员与工作票一致		
7	工作许可	工作负责人上传工作票签字页	工作负责人：	工作负责人：
		工作许可人上传工作票签字页		
		进场顺序(提前一天协商入场顺序和时间)	7:30	7:30
8	工作负责人/工地监督人安全交底	工作负责人组织签字	工作负责人：	工作负责人：
		工地监督人/监理签字并上传照片		
9	现场工作	监理、工地监督人监督现场安全、防疫措施落实，发现违章及时制止通报		

图 5-7　每日作业流程

5.1.5 过程管控

(1) 规范人员、车辆。工作负责人提前一天上报古泉换流站明天的工作班成员信息、进站车辆信息。古泉换流站核查人员安康码、行车轨迹，来自中高风险地区的人需提供核酸检测阴性证明或者满足隔离时间要求。运维人员提前在调相机区域等待，工作负责人先工作班成员进站，与工作许可人完成总工作票许可流程。工地监督人核对工作班成员信息，借助人脸识别与红外测温一体机系统，快速办理人员进场。到达工作地点后进行安全交底，安全交底卡上传作业管控 App，完成分工作票的许可工作。对于进站车辆，必须满足相应要求，提前报备，提前审查，专人引导进站。

(2) 工作票开工收工及安全措施检查。每日早上运维人员会同工作负责人检查工作票所列的安全措施，重点检查升压变压器高低压侧的接地线、升压变压器低压侧包裹的塑料薄膜固定情况（若固定不牢固，容易飞入周围带电区域内）、油水系统隔离运行设备与非运行设备的阀门、交流电源、DCS 后台告警事件等，确定安全措施满足要求后方可许可开工。每隔 4h 检查 DCS 后台告警事件。因现场工作需要变更安全措施者，告知值长，在保证安全的前提下变更，工作结束后及时恢复。每日收工时，运维人员确认分工作票全部收工，再次检查安全措施正常，人员已全部离场，厂房门窗已关，室外屏柜已锁，DCS 后台告警事件正常。运维人员要求工作负责人每日工作结束后报告今日工作完成情况及明日的工作计划，掌握每日工作进度，并根据明日的工作计划提前协调配合，提高工作效率。工作群汇报工作进度如图 5-8 所示。

图 5-8 工作群汇报工作进度

(3) 缺陷梳理与消缺。调相机运行期间，运维人员每日开展例行巡视，抄录关键数据。发现 36 条缺陷，其中 I 类严重缺陷 7 条，II 类缺陷 14 条，III 类缺陷 15 条。调相机缺陷如图 5-9 所示。

古泉换流站梳理缺陷并将其提供给施工单位。调相机专项负责人跟踪负责，开展消缺验收工作。大修前运维人员发现的缺陷及主要的处理方法如下。

1) 缺陷：定子冷却水泵油杯的油封渗油；转子冷却水泵油杯的油封渗油。定子冷却水泵油杯如图 5-10 所示。

序号	运维单位	变电站	设备类型	设备双重名称	缺陷内容	发现日期	缺陷性质	缺陷分类	跟踪情况、计划安排及消缺情况（运维单位填写）	消缺方法
									检修公司变电设备缺陷统计表	
3	古泉站	调相机区域	调相机主机	1号调相机	1号调相机出线端比圈温度测点异常	2019/3/30	一般	III	10月10日，已停运	
4	古泉站	调相机区域	调相机主机	1号调相机定子下层线棒出水温度	本体温度测点高，1号调相机定子下层线棒出水温度（CT201）显示100℃，其他正常宜端34℃	2019/4/1	一般	III	10月10日，已停运	
6	古泉站	调相机区域	调相机主机	1号调相机定子上层线棒出水温度16	DCS后台频发"1号定子上层线棒出水温度16（CT116）与平均值最大偏差不小于12K"二次报警"，瞬时复归，温度波动持续1小时。	2019/6/1	一般	III	经现场检查，属于测点偏松脱落，需要大修处理（己要求上海电气和上海电建协说明及大修处理信息）	大修时处理
10	古泉站	调相机区域	调相机主机	1号调相机	1号机组本体测点3比圈温度异常，一直为0	2019/6/19	一般	III	10月10日，已停运	
11	古泉站	调相机区域	调相机主机	1号调相机	1号机组本体测点3定子铁心3温热马2温度异常	2019/6/19	一般	III	10月10日，已停运	
20	古泉站	调相机区域	其它运维类设备	支件电流铁芯在线测试单元同步单元	2号调相机升压变变压器支件电流铁芯在线测试单元同步单元门下方密封条处有积水、2号机的箱门将大量水用出	2019/9/5	一般	II		
27	古泉站	调相机区域	调相机轴电流	2号调相机机轴电流	2号调相机机轴电流报警	2019/10/19	一般	II	入场证已办理，等下协调开事中	
68	古泉站	调相机区域	调相机外冷系统	1号调相机电动滤水器修狗2	1号机电动滤水器修狗2阀门本体漏油（二硫化钼）	2019/12/17	一般	I	排查后发诺	
69	古泉站	调相机区域	其它运维类设备	2号调相机空气环平爆装置门锁	2号调相机空气环平爆装置门锁损坏	2019/12/17	一般	III	人员巡视场地协调	
108	古泉站	调相机区域	调相机主机	1号调相机绝缘过热流量风报警	DCS后台报"1号调相机绝缘过热流量风报报警、装置故障"报警，瞬时复归	2020/2/7	一般	II	2号环境气流量太小，1号做调节电压定为低，1号环境气做调节	2020.02.修理处理
117	古泉站	调相机区域	调相机润滑油系统	1号调相机润滑油排烟风机A出口	2号调相机润滑油排烟风机A出口处渗油	2020/2/14	一般	I	10月12日，已停运正常状态	需要更换
125	古泉站	调相机区域	调相机润滑油系统	1号调相机	1号调相机润滑油交流滑滑油泵切到备用泵AB时，调相机后台显1号机，交流滑油泵运转，同时直流油泵组合路器跳开	2020/3/6	一般	II		
143	古泉站	调相机区域	消防系统	除盐水车间百叶窗处	除盐水间百叶窗处滤网破渗	2020/3/27	一般	II		
158	古泉站	调相机区域	调相机润滑油系统	润滑油净化装置	1号调相机润滑油净化装置反馈跳变	2020/4/9	一般	II	更换油净化装置入口、出口处滤芯后，油净化装置已恢复连续运行两天，运行情况正常	
158	古泉站	调相机区域	调相机润滑油系统	1号调相机1润滑油箱	1号调相机1润滑油箱环下漏油样异口漏油	2020/4/10	一般	II		油取样后处
194	古泉站	调相机区域	调相机主机	1号调相机绝缘过热装置	DCS后台频发"1号机地绝缘过热流量故障报警"报警	2020/5/10	一般	II	现场查看蓄槽水位正常	
197	古泉站	调相机区域	空调系统	调相机组缩小室空调	2号调相机组环缩小室空调手柄侧空调故障	2020/5/17	一般	II	8月5日，运行正常，室内温度25.32℃	

图 5-9　调相机缺陷

处理方法：油杯螺纹接口处理，缠绕密封带，重新密封。

2）缺陷：转子水泵漏油及漏水。

处理方法：更换水泵的油封和机械密封，如图 5-11 所示。

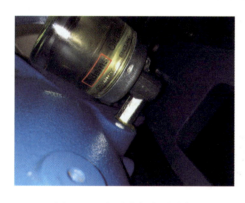

图 5-10　定子冷却水泵油杯

图 5-11　更换水泵的机封和油封

3）缺陷：润滑油系统切泵后备用润滑油脱扣。

处理方法：交流备用泵联启用压力开关定值由 0.53MPa 修改为 0.5MPa，避免因切泵造成润滑油母管压力波动启动直流润滑油泵。润滑油压力开关如图 5-12 所示。

4）缺陷：调相机 162B 站用变压器 B 相带电显示装置故障。带电显示装置如图 5-13 所示。

处理方法：更换 B 相显示灯。

5）缺陷：调相机外冷却塔外壳多处渗水，导致外壳脏污。外冷水冷却塔如图 5-14 所示。

图 5-12　润滑油压力开关

图 5-13　带电显示装置　　　　　　　　　图 5-14　外冷水冷却塔

处理方法：外壳打磨补胶。

6）缺陷：外冷却塔三号冷却塔旁有水藻。外冷却塔底部过滤器如图 5-15 所示。

处理方法：高压水枪冲洗。

7）缺陷：电动阀门关不到位。电动阀显示器如图 5-16 所示。

图 5-15　外冷却塔底部过滤器　　　　　　图 5-16　电动阀显示器

处理方法：执行器显示关不到位，首先打开前盖给执行器复位校准位置，若校准后不成功，手轮摇到全关位置后，再往开方向摇手轮一圈。旋钮打至停止状态，然后打开上盖，用螺钉旋具松去电源板背板底部的螺钉，用内六角工具调试关有缘位凸轮（从上往下数第三个凸轮），松开凸轮上螺钉左右摆动，摆动过程中凸轮会触碰到旁边的微动开关，在凸轮碰到微动开关右响的时候慢慢往左移动，待左响的位置上锁紧凸轮螺钉，调试好以后从开到关多试几次。打开屏幕前盖，长按 3～5s 显示屏后面主板右上角位置的黑色校准按钮，进行电子位置校准。

8）缺陷：1 号调相机出线端压圈外圆温度 1 测点异常。出线端压圈外圆温度测点如图 5-17 所示。

处理方法：更换压圈外圆的温度探头。

9）缺陷：本体温度测点中，1 号调相机定子下层线棒出水温度（CT201）显示 100℃，其他正常室温 34℃。线棒出水温度传感器如图 5-18 所示。

处理方法：更换定子下层线棒出水温度传感器。

图 5-17　出线端压圈外圆温度测点　　　　　图 5-18　线棒出水温度传感器

10）缺陷：2 号机非出线端出水支座和出水挡板有裂纹，如图 5-19 所示。

处理方法：更换出水支座和出水挡板。

(a)　　　　　　　　　　　　　　　　　　(b)

图 5-19　2 号机非出线端出水支座和出水挡板裂纹

（a）出水支座；（b）出水挡板

11）缺陷：1号机主励磁变压器高压侧TA端子盒接地线松动。主励磁变压器高压侧TA端子盒如图5-20所示。

处理方法：紧固接线。

图5-20　主励磁变压器高压侧TA端子盒

12）缺陷：1号机升压变压器3号风机组6-FR11继电器没有复归，3号风机无法启动。1号升压变压器风机接线盒如图5-21所示。

处理方法：继电器经检查无故障，复归后风机恢复运行。

13）缺陷：1号调相机空气冷却器A和空气冷却器B的排污管和排气管标签贴反。冷却器管路如图5-22所示。

处理方法：已更换标签。

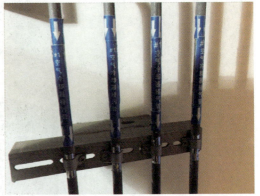

图5-21　1号升压变压器风机接线盒　　　　图5-22　冷却器管路

14）缺陷：转子拉毛，如图5-23所示。

处理方法：拉毛处用油石推平，要求缺陷处无高点，无锐角，光滑过渡。

15）缺陷：轴瓦拉毛，如图 5-24 所示。

处理方法：轴瓦缺陷处用轴瓦相同材料锡焊处理，锡焊完成后刮平，要求锡焊处无高点，最终探伤检测直至合格为止。瓦套清理如图 5-25 所示。

图 5-23 转子拉毛

图 5-24 轴瓦拉毛

16）缺陷：1 号机交流润滑油泵控制柜的电机电源输出端子发热焦黄、电缆局部发黄，1 号机直流润滑油泵控制箱电机电源电缆绝缘套局部发黄。接线端子排烧损如图 5-26 所示。

处理方法：更换端子排。

图 5-25 瓦套清理

图 5-26 接线端子排烧损

17）缺陷：轴承座地脚螺栓紧力检查（拆除过程检查是否存在松动），检修人员在拆解 1 号调相机非出线端轴承座地脚螺栓时发现其中一个螺栓未按图纸规定的力矩要求紧固。初步分析可能基建时安装公司没有用专门的力矩扳手紧固轴承座地脚螺栓，使用榔头敲击特制开口扳手柄部而完成轴承座地脚螺栓的紧固。安装时在手动拧入螺栓时，螺栓有可能与孔壁有卡涩，导致用榔头敲击开口扳手时打不到图样规定的力矩要求。用力矩扳手检查轴承座地脚螺栓如图 5-27 所示。

处理方法：在回装轴承座地脚螺栓时，用专业的力矩扳手按图纸要求紧固，复测后力矩符合要求。

图 5-27　用力矩扳手检查轴承座地脚螺栓

18）缺陷：解体时测量轴瓦挡油板与转轴间隙，发现 1 号机出线端油挡左侧间隙为 0，其由安装时间隙调整不当导致。出线端油挡左侧间隙测量如图 5-28 所示。

处理方法：回装时调整轴瓦挡油板与转轴间隙，以满足上下左右四点数据要求。

19）缺陷：拆除 1 号机进水支座时，发现碳密封环磨损，弹簧片断裂（进水支座的密封件），碳环汇水槽局部已磨损堵塞。断裂弹簧片如图 5-29 所示。

处理方法：进水支座弹簧片断裂，返厂修复处理。

图 5-28　出线端油挡左侧间隙测量　　　　　图 5-29　断裂弹簧片

20）缺陷：定冷水进出水法兰密封处有明显涂抹密封胶痕迹（禁止涂抹密封胶），原因为安装时涂抹。定冷水进出水法兰密封处的密封胶痕迹如图 5-30 所示。

处理方法：定冷水进出水法兰进行修后换新。

21）拆除 2 号机出线端导风圈时发现安装不符合图纸要求，内端盖和导风圈错位安装，未按厂家图纸进行安装，要求施工单位复装先按图纸要求进行，如导风圈与风叶间隙调整无法满足要求，按原拆原装方式复装，做好标记与间隙验收。导风圈内端盖和导风圈错位如图 5-31 所示。

处理方法：导风圈安装已按照安装图纸要求完成整改。

图 5-30 定冷水进出水法兰密封处的密封胶痕迹　图 5-31 导风圈内端盖和导风圈错位

22）缺陷：轴承座挡油板、汽封盖板安装螺栓为 4.8 级，不符合厂家规定的 8.8 级螺栓。安装螺栓（4.8 级）如图 5-32 所示。

处理方法：回装轴承座挡油板、汽封盖板，统一使用厂家规定的 8.8 级螺栓。

23）缺陷：内端盖与导风圈连接螺栓衬套采用塑料套，按照规定应使用绝缘套。连接螺栓如图 5-33 所示。

处理方法：回装内端盖与导风圈，连接螺栓衬套统一使用绝缘套。

图 5-32 安装螺栓（4.8 级）　　　　图 5-33 连接螺栓

24）缺陷：拆机过程中在内外端盖之间发现杂质、磨光片，未清理干净。内外端盖之间的杂质、磨光片如图 5-34 所示。

处理方法：回穿转子时已清理，完成专项验收。

25）缺陷：2 号调相机本体舱内有孔洞，洞用防火泥封堵，上面有金属盖，容易吸附到本体内，存在重大安全隐患。本体舱内孔洞的金属盖如图 5-35 所示。

处理方法：已全部拆除本体舱内金属盖。

图 5-34　内外端盖之间的杂质、磨光片　　图 5-35　本体舱内孔洞的金属盖

26）缺陷：1、2 号调相机本体舱内有缝隙，不符合无尘环境要求。本体舱内的缝隙如图 5-36 所示。

处理方法：本体舱内缝隙已完成密封处理。

27）缺陷：转子轴头存在磨损老化，准备打磨处理。转子轴头磨损老化如图 5-37 所示。

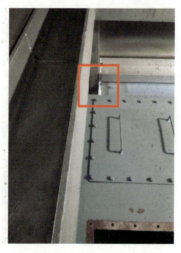 

图 5-36　本体舱内的缝隙　　　　图 5-37　转子轴头磨损老化

处理方法：转子轴头已打磨修复处理。

（4）查违章。主控室值班人员通过站内视频监控系统和作业管控 App，每日对现场开展视频稽查。调相机专项负责人每日跟踪时现场抓违章，对于发现的违章，立即制止，并通知工作负责人进行整改，整改后才能恢复作业。对于严重及以上的违章由古泉换流站出具违章整改通知书，要求施工单位反馈具体整改措施。运维人员现场稽查的部分违章如下：

1）工作负责人未现场监护，工作班成员即开展作业。图 5-38 所示场景为工作班成员拆解软连接时失去监护。

图 5-38　工作班成员拆解软连接时失去监护

2）工作班成员现场玩手机、聊天。

3）安全带低挂高用，如图 5-39 所示，正确方式应为高挂低用。

4）试验时未设置警示标志，四周未设置安全围栏，工作负责人未全程监护。图 5-40 所示场景为转子试验未设置安全围栏。

图 5-39　安全带低挂高用

图 5-40　转子试验未设置安全围栏

5）作业不规范，易形成漂浮物。图 5-41 所示场景为防雨措施未固定到位。

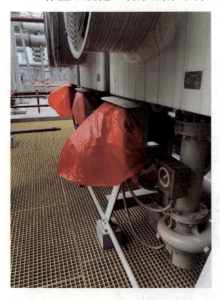

图 5-41　防雨措施未固定到位

5.1.6　值班管控

为了使调相机专项负责人专心负责调相机检修工作，把全部精力放在调相机上，古泉换流站采取调相机专项负责人大修期间暂不参与运维监盘及夜班工作，全程负责调相机事务，需要协调配合的工作由调相机专项负责人汇报值长，架起施工方与主控室联系的桥梁。

5.1.7　设备验收

调相机设备众多，验收是检修工作的最后一道关卡，验收工作开展得是否到位，直接影响着设备能否顺利投入运行。调相机检修工作开始前，古泉换流站组织站内运维人员到兄弟换流站开展学习调研工作，学习其验收经验，并编制了涵盖所有设备的投运前检查表共 27 份。调相机验收工作大致分为两类，一类是检修过程中重大设备参数性能验收，这类设备装机后无法单独验收；另一类是分系统全部检修完成，进行投运前检查。

第一类验收中运维人员见证设备参数满足要求；第二类验收开展三级验收，运维人员主要负责设备外观及状态、功能是否完好，定值是否正确等方面。验收完毕后，验收人员在验收指导书上分别签字，明确了职责界面，细化了分工。运维人员开展的验收工作部分如下。

（1）轴瓦配镘与打磨，轴瓦上抹上红色的颜料，与轴套接触后，轴套上红色颜料的面积在 75% 以上为合格。轴瓦配镘见证如图 5-42 所示。

（2）调相机投运后转子内冷水过滤器一直使用，此次年度检修拆解过滤器发现白色的过滤器发黑，内部有小石子，统一更换新的过滤器后，运维人员验收见证。转子内水冷过滤器更换如图 5-43 所示。

图 5-42　轴瓦配镘见证

运维人员现场查看水压压力表，满足压力 1MPa 为合格，不合格不通过验收，继续调整加压。定子冷却器加压 1MPa 试验如图 5-44 所示。

图 5-43 转子内水冷过滤器更换

图 5-44 定子冷却器加压 1MPa 试验

（3）调相机检修期间，对油水管道法兰螺栓接头力矩进行检查。绘制系统力矩图，根据螺栓型号和厂家力矩建议值，对油水管道法兰螺栓接头进行力矩检查，对不满足要求的接头重新紧固，所有螺栓检查后用记号笔画线标记，确认螺栓防松动措施是否良好。

（4）油系统联锁试验。油系统联锁试验主要目的是保障机组稳定运行，由盘车装置联锁、润滑油箱电加热器联锁、润滑油泵联锁、顶轴油泵联锁、润滑油箱排烟风机联锁、润滑油输送系统联锁组成。验证油泵、风机启动允许、故障联锁、周期联锁等功能是否正常动作。此次年度检修完成了 1、2 号调相机油系统联锁试验，试验结果正确。油系统联锁试验记录见表 5-5。

表 5-5　　　　　　　　　　　油系统联锁试验记录

试验设备	试验项目	试验结果
1 号交流润滑油泵	启动、停止允许	动作正确
	故障联锁	动作正确
	周期联锁	动作正确
2 号交流润滑油泵	启动、停止允许	动作正确
	故障联锁	动作正确
	周期联锁	动作正确
直流润滑油泵	启动、停止允许	动作正确
	故障联锁	动作正确
1 号交流顶轴油泵	启动、停止允许	动作正确
	故障联锁	动作正确
2 号交流顶轴油泵	启动、停止允许	动作正确
	故障联锁	动作正确

续表

试验设备	试验项目	试验结果
直流顶轴油泵	启动、停止允许	动作正确
	故障联锁	动作正确
直流润滑油泵 DCS 联锁	联锁投入	动作正确
	联锁退出	动作正确
润滑油泵就地联锁	联锁投入	动作正确
	联锁退出	动作正确
直流顶轴油泵 DCS 联锁	联锁投入	动作正确
	联锁退出	动作正确
润滑油泵就地联锁	联锁投入	动作正确
	联锁退出	动作正确
电加热器	自动启动	动作正确
	保护停止	动作正确
盘车装置	允许启动	动作正确
	保护停止	动作正确

（5）除盐水系统超滤装置、反渗透膜化学清洗。除盐水系统超滤装置、反渗透膜投运近 18 个月未进行化学清洗，为保障检修后日常运行设备的安全稳定，防止膜表面存在有机物污堵导致跨膜压差升高，需进行化学清洗。清洗采用先碱洗，碱洗后酸洗的清洗工艺，碱洗所需药品选择为氢氧化钠/次氯酸钠，酸洗所需药品选择柠檬酸，清洗方法为离线清洗。

完成情况：①碱洗：超滤装置清洗所用药品为纯度 98％分析纯级的氢氧化钠为 12～13，采用"清洗药液循环＋浸泡"的工艺模式；反渗透装置清洗所用药品为纯度 98％分析纯级的氢氧化钠，pH 值控制为 12～13，采用"清洗药液循环＋浸泡"的工艺模式。②酸洗：超滤装置清洗所用药品为纯度 36.46％分析纯级的盐酸，清洗过程中盐酸所配浓度为 0.104％，pH 值控制为 2～3，采用"清洗药液循环＋浸泡"的工艺模式；反渗透装置清洗所用药品为纯度 36.46％分析纯级的，清洗过程中盐酸所配浓度为 0.01％，pH 值控制为 2～3，采用"清洗药液循环＋浸泡"的工艺模式。

（6）热工主保护联锁试验。热工跳机主保护系统指调相机运行出现异常时，能采取必要措施进行处理，当异常情况继续发展到可能危及设备和人身安全时，能立即停止调相机运行的保护系统。整套系统启动试运前，需验证保护信号回路可靠性，主要包括定子线圈进水流量低跳机，转子线圈进水流量低跳机，调相机非出线端轴瓦温度高跳机，调相机出线端轴瓦温度高跳机，润滑油供油口压力低跳机，润滑主油箱油位低跳机，1、2 号交流润滑油泵停跳机，非出线端调相机轴承振动高高跳机，出线端调相机轴承振动高高跳机，手动停机组成。完成了 1、2 号调相机热工跳机主保护联锁试验，试验结果正确。热工主保护联锁试验记录见表5-6。

表 5-6 热工主保护联锁试验记录

试验条件	信号名称	信号来源	定值	试验方法	试验结果	备注
跳闸条件						
定子线圈进水流量低跳机（持续30s，三取二）	10/20MKF46CP001/002/003	就地	≤44.51kPa	实做	跳闸调相机	"或"逻辑
转子线圈进水流量低且转速高跳机（持续30s，三取二）	10/20MKF84CP001/002/003	就地	≤30.72kPa >2850r/min	实做		
调相机非出线端轴瓦温度（CT402，三取二）	10/20MKD11CT301A/B/C	就地	107℃	模拟		
调相机出线端轴瓦温度（CT401，三取二）	10/20MKD12CT301A/B/C	就地	107℃	模拟		
润滑油供油口压力低跳机（三取二）	10/20MKV26CP001/002/003	就地	≤0.135MPa	实做		
润滑主油箱油位低低（三取二）	10/20MKV10CL101/102/103	就地	≤340mm	模拟		
交流润滑油泵A、B都停止		就地	延时180s	实做		
调相机超速（三取二）	10/20MKA16CS904/905/906	TSI	≥3300r/min	模拟		
非出线端调相机轴承振动-高高跳机	10/20CFA01XB03/10CFA01XB13	TSI	≥250μm	模拟		
出线端调相机轴承振动-高高跳机	10/20CFA01XB06/10CFA01XB16	TSI	≥250μm	模拟		
手动停机（按钮二取二）		按钮	操作台	实做		
跳闸输出						
热工保护信号至调相机电气保护屏（三取二）		去电气		实做		

运维人员验收中发现的缺陷能及时消缺的，应督促消缺，不能及时消缺又不影响设备正常运行的，将详细情况记录在投运前检查表内，整理成缺陷单，要求施工单位确定处理时间，并签字确认，专项负责人跟踪消缺。运维人员验收统计缺陷见表5-7。

表 5-7 运维人员验收统计的缺陷

序号	缺陷	处理时间
1	2号机本体标签脱落	待定
2	调相机区域环氧地坪损坏	12月下旬
3	顺序控制启动2号机外冷水时，2号机转子冷却器A循环水入口电动门打开失败	11月30日

续表

序号	缺陷	处理时间
4	开度不到位：2号机定子冷却器A循环水入口电动门、2号机空气冷却器A循环水出口电动门、外冷水阀门普遍存在开度不到100%，关度不到0%的问题	11月30日
5	2号调相机在线监测装置柜、2号机励磁小室门锁损坏	待定
6	2号调相机外冷水系统电动执行机构配电柜内两路电源无法手动切换	11月30日
7	DCS后台循环水回水流量为零	12月底
8	1号机定子水箱氮气瓶无压力	11月30日
9	1、2号机转子水取样pH值不满足要求	11月30日
10	1号机定子水pH值取样回路调节阀门旋钮无法调节	出函
11	2号机集电环在线监控机上PM10排放浓度判断大于0μg/m³不合格，内部显示为300μg/m³，系统显示不一致。 1号机与2号机集电环在线监控机上PM10排放浓度判断值不一致	12月2日
12	2号机油净化装置：液位开关LS05真空泵P03油量不足，待真空泵油到后处理	真空泵油到后处理
13	1号机碳粉收集装置进出口阻力高报警	12月2日
14	2号机交流润滑油泵出口总管压力表针阀表针内有水珠	12月4日
15	1号机超速2报警	已出函，下次检修处理
16	1号机定子冷却水溶氧量膜损坏，需要换电极	12月底
17	外冷水补水流量计显示器故障，只能显示一半，需更换显示器	12月底

5.1.8　启动并网调试

调相机系统整套启动试验是对调相机系统主设备、二次控制回路及自动装置、测量仪表等设备在大修之后的全面考验。有序地检查设备的运行情况，检验调相机系统的完整性和可靠性，及时发现并消除可能存在的缺陷，对于调相机能否安全可靠地投入运行具有关键意义。

1号机启动调试前，为避免静止变频器（SFC）启动时，1、2号SFC至2号调相机输出断路器误合，运维人员将1、2号SFC至2号调相机输出断路器手车拉至试验位置，并断开操作电源；断开2号调相机SFC隔离开关2221，并断开操作电源，做好启机前隔离安全措施。运维人员提前准备好每一个调试项目的操作票，保证调试顺利有序地推进。1号机复役调试操作票如图5-45所示。

主要的调试项目及运维人员倒闸操作如下：

（1）1号升压变压器进行冲击1次，空载运行2h。运维人员将5081断路器、1号调相机5082断路器从冷备用转运行，1号机升压变压器空载运行。

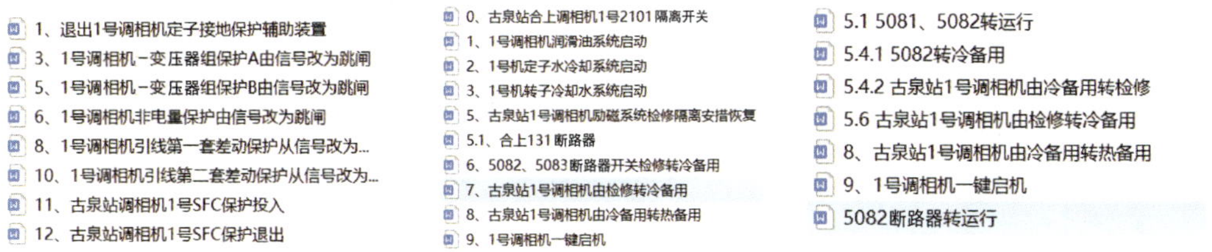

☐ 1、退出1号调相机定子接地保护辅助装置
☐ 3、1号调相机-变压器组保护A由信号改为跳闸
☐ 5、1号调相机-变压器组保护B由信号改为跳闸
☐ 6、1号调相机非电量保护由信号改为跳闸
☐ 8、1号调相机引线第一套差动保护从信号改为...
☐ 10、1号调相机引线第二套差动保护从信号改为...
☐ 11、古泉站调相机1号SFC保护投入
☐ 12、古泉站调相机1号SFC保护退出

☐ 0、古泉站合上调相机1号2101隔离开关
☐ 1、1号调相机润滑油系统启动
☐ 2、1号机定子冷却水系统启动
☐ 3、1号机转子冷却水系统启动
☐ 5、古泉站1号调相机励磁系统检修隔离安措恢复
☐ 5.1、合上131断路器
☐ 6、5082、5083断路器开关检修转冷备用
☐ 7、古泉站1号调相机由检修转冷备用
☐ 8、古泉站1号调相机由冷备用转热备用
☐ 9、1号调相机一键启机

☐ 5.1 5081、5082转运行
☐ 5.4.1 5082转冷备用
☐ 5.4.2 古泉站1号调相机由冷备用转检修
☐ 5.6 古泉站1号调相机由检修转冷备用
☐ 8、古泉站1号调相机由冷备用转热备用
☐ 9、1号调相机一键启机
☐ 5082断路器转运行

图 5-45　1号机复役调试操作票

（2）恢复 1 号调相机与 1 号升压变压器低压侧之间软连接。运维人员将 1 号调相机 5082 断路器从运行转冷备用，1 号调相机—变压器组从运行转检修。许可一张第一种工作票，退出转子接地保护，布置好安全措施，进行恢复 1 号调相机与 1 号升压变压器低压侧之间软连接。

（3）1 号调相机—变压器组空载试验、假同期试验。运维人员将 1 号调相机—变压器组从检修转冷备用，顺控启动 1 号机，进行试验。

（4）同期并网，进行滞相、进相、甩负荷试验。运维人员将 1 号调相机 5083 断路器从冷备用改为运行，1 号机同期并网运行，进行试验。

2 号机调试与 1 号机调试内容相似。调试时调相机会出现多次故障停机和正常停机，停机后需要及时将保护屏柜上的告警复归，四方的调相机—变压器组保护屏柜会保持告警事件，后台有屏柜异常告警信息，现场主机告警灯不亮，点一下主机上的信号复归按钮即可。

在调试期间，运维人员每日进行 1 次特殊巡视，巡视中发现 1、2 号机转子水箱一天内补水时间间隔呈现逐渐下降趋势，最短时 0.5h 内补一次水。分析原因为调相机新更换了盘根，盘根需要分流一部分转子冷却水降温，开始运行不稳定，导致转子冷却水消耗较大，通过多次调节盘根的分流流量，待盘根运行稳定后，转子水箱补水时长恢复正常。2 号机假同期试验时发现 2 号机出线端铁芯齿连接片温度 4 异常，初步检查为测温元件损坏，测温元件在本体内部，无法更换，不影响运行，待下次大修更换。

5.2 典型经验总结

调相机系统大致可以分为励磁系统、静止变频器 SFC 系统、本体、润滑油系统、内冷系统、外冷系统、除盐水系统、DCS。大修期间调相机区域的专项负责人不仅每日要在现场跟踪大修工作进度，还要自我学习，了解调相机每一个分系统的工作原理，为更好地运维调相机打下坚实的基础。

（1）定子内冷系统冷却水系统启动流程。定子冷却系统启动流程如图 5-46 所示。

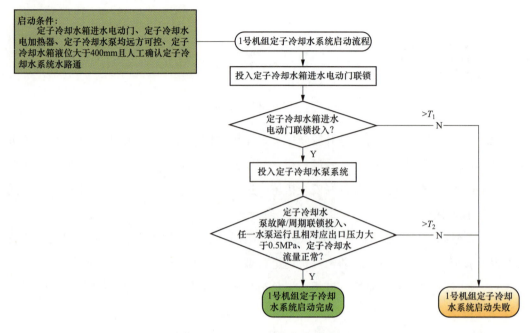

图 5-46　定子冷却系统启动流程

定子冷却水泵一用一备，故障跳闸联启备用泵。运行泵连续运行 168h（可依据现场实际条件进行修改）后进行周期切换，切换时先启备用泵，备用泵启动成功后停止原运行泵。定子水箱的水位由定子冷却水箱进水电动阀自动控制，定子水箱的补水来自除盐水。启动过程中应注意以下问题。

1）允许启：定子冷却水箱液位大于 520mm。

2）定子冷却水电加热器现场不用以及 DCS 后台联锁逻辑已退出。原因：定子冷却水依据规程以及现场验收，定子冷却水加热器走的是旁路，且该加热器只有在冬季启机以及做热水流试验才需要，因此现场开关已断开。

（2）内冷水转子冷却水系统启动流程。转子冷却水系统启动流程如图 5-47 所示。

转子冷却水泵一用一备，故障跳闸联启备用泵。运行泵连续运行 168h（可设定）后进行周期切换，切换时先启备用泵，备用泵启动成功后停止原运行泵。转子水箱的水位由转子冷却水箱进水调节阀自动控制，转子水箱的补水来自除盐水。启动过程中需注意允许启的条件为转子冷却水箱液位大于 499mm。

（3）润滑油系统启动流程。润滑油系统启动流程如图 5-48 所示。

调相机启动前，需要先启动润滑油泵、顶轴油泵、盘车。调相机转速小于 600r/min，启动顶轴油泵。调相机转速大于 610r/min，停顶轴油泵。

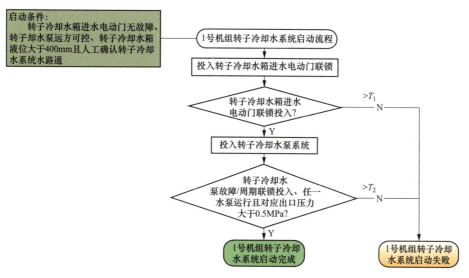

图 5-47 转子冷却水系统启动流程

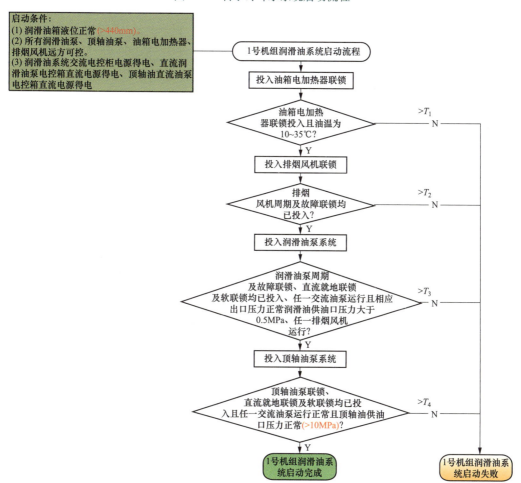

图 5-48 润滑油系统启动流程

初次启动调相机或者长时间停运调相机后，需启动盘车，建议盘车运行1h后启动调相机。启动调相机时，先退出盘车，确认盘车退出后，再启动SFC拖动调相机升速。

两台交流润滑油泵、两台交流顶轴油泵互为备用，出口压力低联锁启动备用泵。当压力过低时将联锁启动直流润滑油泵、直流顶轴油泵，直流润滑油泵和直流顶轴油泵在就地设置压力联锁开关，就地压力开关联锁接收DCS脉冲投退指令。DCS与就地硬回路均可实现联启直流润滑油泵、直流顶轴油泵。紧急停机时，顶轴交流油泵、顶轴直流油泵同时启动。

润滑油泵停止由运行人员人为判断完成。交流润滑油泵、排烟风机正常运行时每168h（可设定）切换一次。周期切换、故障切换分别通过联锁按钮进行投退。

（4）外冷却循环水系统启动流程。外冷却循环水系统启动流程如图5-49所示。

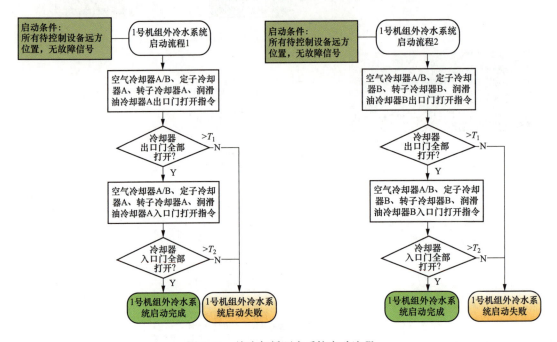

图5-49　外冷却循环水系统启动流程

1）定子换热器、转子换热器、润滑油换热器一用一备。

2）空气冷却器2台同时运行，各空气冷却器的两组出入口电动阀需全部打开。

3）在冷却系统运行之前电动调节阀应处于开启状态。

4）调节阀根据冷却器一次侧出口温度进行闭环调节。

5）润滑油系统本身有温控阀，因此润滑油温度调节阀全开打手动即可。

（5）循环水系统启动流程。外冷却水系统、公用外冷水系统启动流程分别如图5-50、图5-51所示。

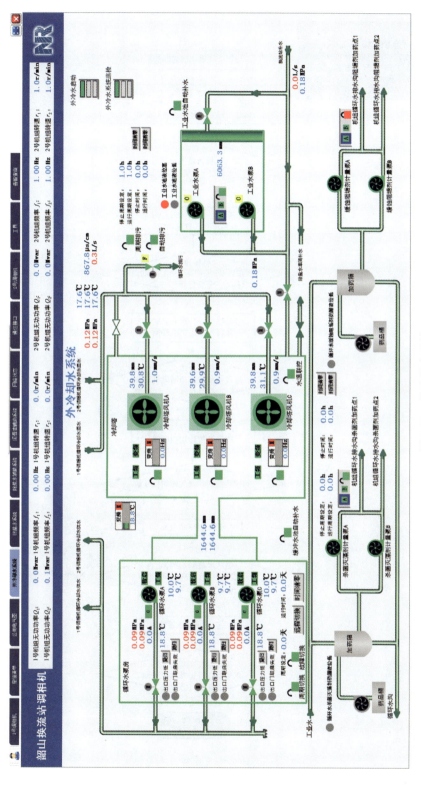

图 5-50 外冷却水系统

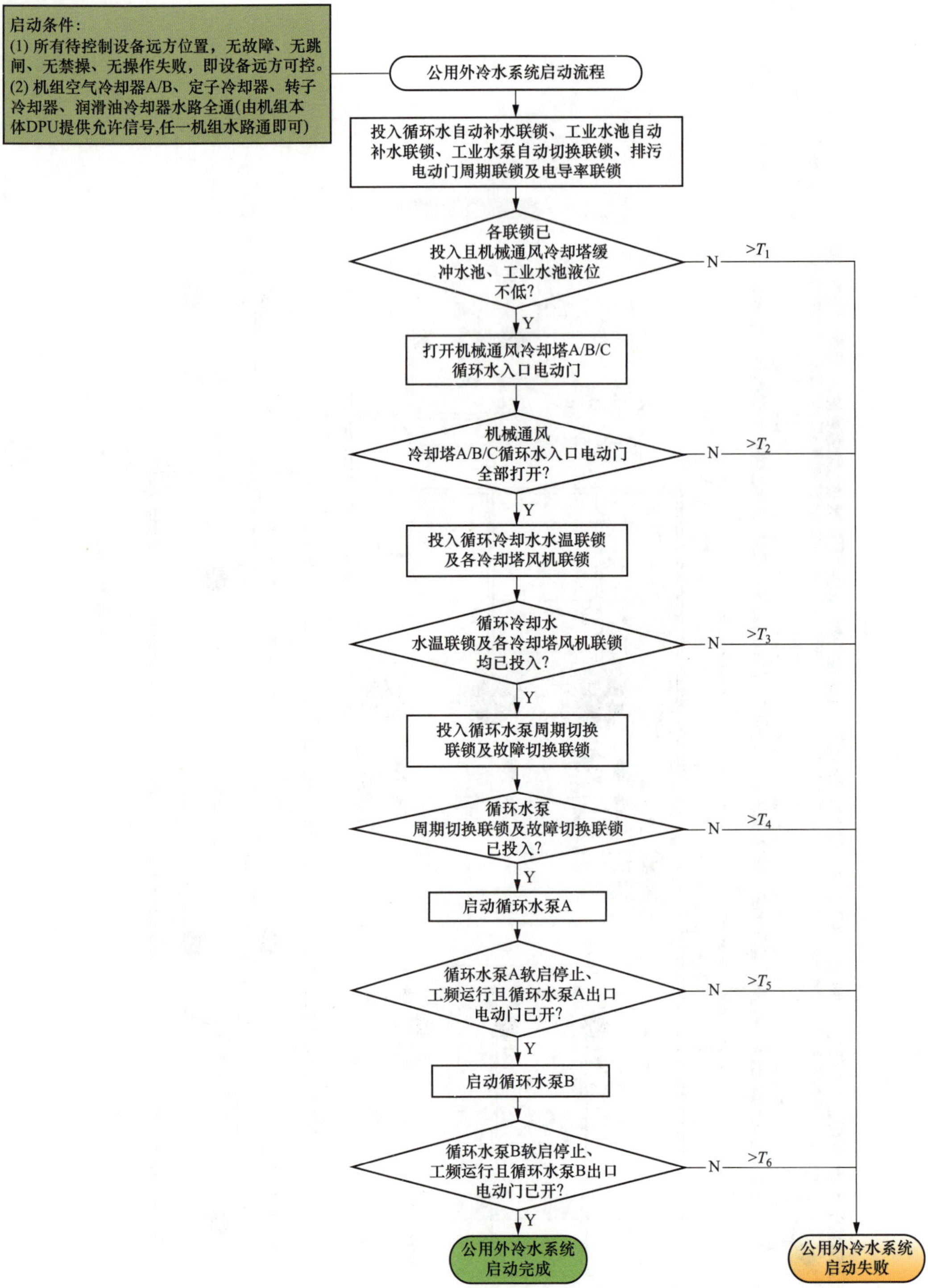

图 5-51 公用外冷水系统启动流程

1）2台调相机共用一套外冷系统，配置三台主循环泵，固定两用一备运行。周期切泵，先启备用泵，再停运行泵。

2）周期切换失败自动切除周期切泵联锁。

3）周期切泵联锁退出或周期切换后，运行时间清零。

4）周期切换失败的判断，周期切换指令发出后 120s 内循环水泵运行模式未切换到正确状态则判为切换失败。

（6）除盐水系统启动流程。除盐水系统、除盐水辅助系统分别如图 5-52、图 5-53 所示。

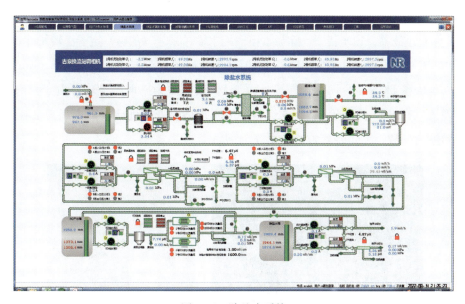

图 5-52　除盐水系统

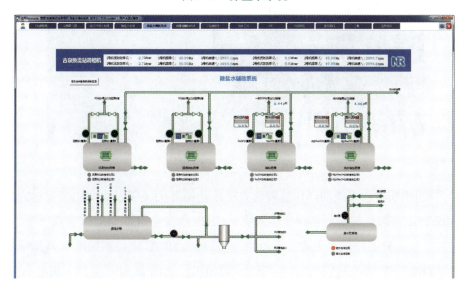

图 5-53　除盐水辅助系统

除盐水系统包括叠滤—超滤子系统系统、一级—二级反渗透子系统、EDI 子系统、纯水输送子系统。每个子系统前后均有水箱，前级水箱液位过低保护停止后级系统，系统根据后级水箱液位进行自动启停控制，保持水箱水位不低（纯水输送泵系统下级水箱为定子水箱、转子水箱）。

系统启动流程：一键投入各子系统与水箱的联锁关系，保持水箱水位不低。

水路顺序：自来水→原水箱→原水泵→叠滤装置→超滤装置→超滤产水箱→反渗透给水泵→（还原剂、阻垢剂加药）一级反渗透前保安过滤器→一级反渗透高压泵→一级反渗透膜组件→（加碱）二级反渗透高压泵→二级反渗透膜组件→反渗透产水箱→EDI 给水泵→EDI 保安过滤器→EDI 装置→除盐水箱→纯水输送泵→（加碱）定子、转子冷却水。

（7）TSI 装置告警。1 号调相机 TSI 柜内超速跳机，保护 2 板卡 ProtectionFault 告警灯亮（该告警 DCS 后台无该告警事件报文）。该保护为三取二逻辑，由于只有保护 2 告警，现场只有告警不影响设备正常运行。厂家现场检查后确认故障由超速 2 探头与转速齿轮间隙大导致。TSI 装置告警如图 5-54 所示。

图 5-54　TSI 装置告警

（8）调相机润滑油系统油净化装置远方就地切换开关说明。油净化装置远方就地切换开关由 CB02 电源空气断路器决定。远方：CB02 电源空气断路器位置在下方；就地：CB02 电源空气断路器位置在上方。润滑油净化装置远方/就地切换如图 5-55 所示。

（9）调相机 SFC 配置情况。古泉换流站调相机配置两套 SFC 系统，每套 SFC 系统均可分别启动对应调相机组，也可由单套 SFC 系统通过切换开关依次启动两台调相机。

图 5-55　润滑油净化装置远方/就地切换

启动过程中，禁止切换 SFC 系统。

（10）润滑油系统启停注意事项。

1）启润滑油系统：通过顺控程序启动润滑油系统时，排烟风机联锁、交流润滑油泵联锁、直流润滑油泵联锁、顶轴交流油泵联锁、顶轴直流油泵联锁、就地硬接地线回路联锁、就地压力开关联锁应全部在投入状态；若手动启动，则应先启动交流润滑油泵再启动顶轴交流油泵。

2）停润滑油系统：首先，将排烟风机联锁、交流润滑油泵联锁、直流润滑油泵联锁、顶轴交流油泵联锁、顶轴直流油泵联锁、就地硬接地线回路联锁、就地压力开关联锁全部退出；其次，先停顶轴油交流油泵，再停交流润滑油泵和排烟风机。润滑油系统界面如图 5-56 所示。

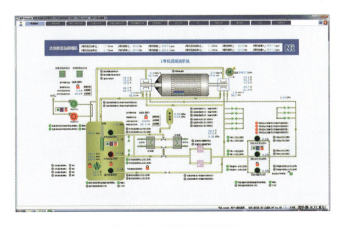

图 5-56　润滑油系统界面

（11）冷却塔风机无法自动启动原因分析。由于只有 1 号机运行，所以外冷只有循环水泵 B 在运行，正常情况下，循环水泵是两用一备。18 日下午，当循环冷却水供水温度达到启动风机定值 35℃（供水温度 2 为 37℃，供水温度 1/2 为 26℃左右）时，风机没有自动启动，查看逻辑为循环冷却水供水温度（三取中间）达到 35℃才启动风机，故风机没有启动，最后手动启动 2 台风机后温度下降，要求监盘人员之后加强循环冷却水供水温度的监视。冷却塔风机启动逻辑如图 5-57 所示。

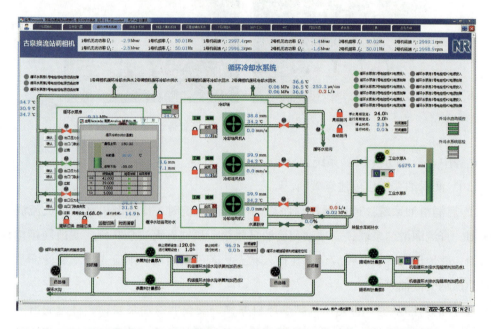

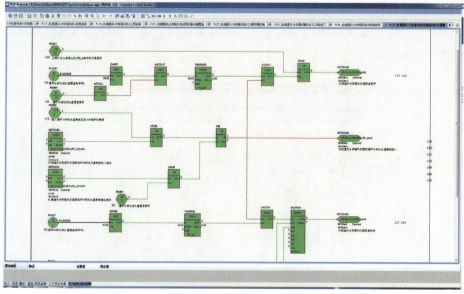

图 5-57　冷却塔风机启动逻辑

　　（12）1号机润滑油系统润滑油温控阀有轻微渗油原因。针对1号机油水系统、主机有过改进或者新增部位进行巡视，发现1号机润滑油温控阀还存在轻微渗油，排烟风机新增排污管以及新更换的电刷均无异常。温控阀渗油原因为螺母与温控阀接触面存在倾斜角度，需要停电处理。润滑油温控阀渗油如图5-58所示。

图 5-58　润滑油温控阀渗油

　　（13）定子水电加热器的运行状态描述。依据运行规程，调相机定子水加热器正常运行时走的是旁路（不走加热器），此次年度检修后是按规程验收的，所以加热器这一路没走，因而加热器不投，否则会因为死水温度偏低（逻辑低了就启动加热器），造成加热器误启动，烧加热器情况。目前，定子加热器两侧的阀门为关闭状态，电源已经断开。定子水加热器控制柜、加热器进出水阀门分别如图5-59、图5-60所示。

图 5-59　定子水加热器控制柜

图 5-60　加热器进出水阀门

（14）润滑油箱加热器控制逻辑。

1）就地启动：由 1 号调相机润滑油系统 1 号交流控制柜内时间继电器控制，目前设定时间为 30min，启动 30min 后自动停。

2）远方控制：在 DCS 后台投入电加热联锁后，大于 35℃ 自动停，小于 20℃ 自动启动。润滑油系统时间继电器如图 5-61 所示。

图 5-61　润滑油系统时间继电器

（15）除盐水系统水泵故障逻辑验证方法。除盐水系统中原水泵、一级高压泵、二级高压泵、纯水输送泵均为变频启动。在做故障切泵试验时，将运行主泵电源断开，自动切至备用泵，待送电后，存在两台主泵均运行的情况。

（16）润滑油过滤器切换操作。润滑油过滤器如图 5-62 所示，以过滤器 MKV25AT002 在运行为例，其切换操作如下：

1）打开过滤器旁通阀 MKV25AA001。

2）打开备用过滤器 MKV25AT003 的排气阀 MKV25AA502，约 2min 后，当排气管有热油流过时，关闭排气阀 MKV25AA502。

3）操作过滤器六通阀 MKV25AA261 的手柄，将六通阀的指向标志指向过滤器 MKV25AT003，完成过滤器切换。

4）关闭旁通阀 MKV25AA001。

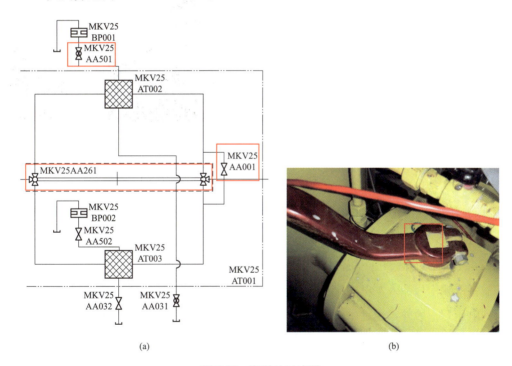

(a)   (b)

图 5-62 润滑油过滤器

(a) 原理图；(b) 实物图

（17）冷却器切换操作。润滑油冷却器如图 5-63 所示，以过滤器 MKV23AC001 在运行为例，其切换操作如下：

1）打开冷却器旁通阀 MKV23AA033。

2）打开备用冷却器 MKV23AC002 的排气阀 MKV23AA502，约 2min 后，当排气管有热油流过时，关闭排气阀 MKV23AA502。

3）操作冷却器六通阀 MKV23AA261 的手柄，将六通阀的指向标志指向冷却器 MKV23AC002，完成冷却器切换。

4）关闭旁通阀 MKV23AA033。

注意：冷却器的外冷水也要同时完成切换工作。

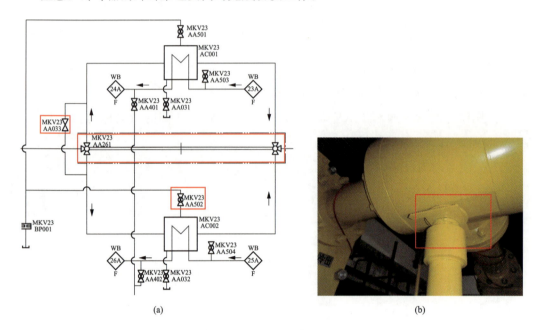

(a) (b)

图 5-63 润滑油冷却器

(a) 原理图；(b) 实物图

（18）注入式定子接地保护原理。PCS985U 电源模块将输入电压经过整流，得到直流输出电压，再通过控制逆变桥得到对称的低频方波电压，其幅值约为 25V，频率为 20Hz。装置输出的低频电压加在发电机中性点接地变压器负载电阻 R_n 两端，通过接地变压器将低频信号注入发电机定子绕组上。负载电阻 R_n 两端的电压，经过分压器分压后得到电压 U；另外，通过中间变流器（即中间 CT）得到电流 I。电压 U 送到调相机—变压器组保护 B 屏，电流 I 送到调相机—变压器组保护 A 屏。如果调相机发生接地故障，加入方波电压时，电流就不会保持恒定。注入式定子接地保护原理如图 5-64 所示。

（19）调相机调整输出无功的原理。调相机是通过调节励磁电流的大小来调节无功的，调相机简易系统示意图如图 5-65 所示，E_q 为内电动势，X_d 为阻抗，I_g 为电流，U_g 为机端电压，阻抗 X_d 与机端电压 U_g 是不变的，通过调节励磁电流来调节调相机的内电动势 E_q，增大励磁电流，内电动势 E_q 增大，如图 5-66 所示，U_g 超前 I_g，调相机发出无功。减小励磁电流，内电动势 E_q 减小，如图 5-67 所示，U_g 滞后 I_g，调相机吸收无功。

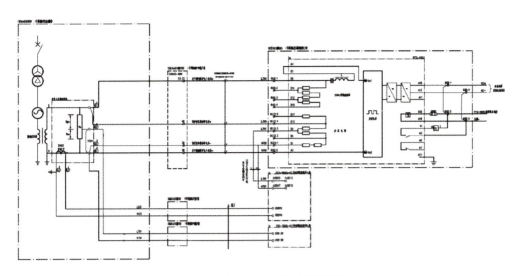

图 5-64　注入式定子接地保护原理

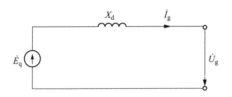

图 5-65　调相机简易系统示意图

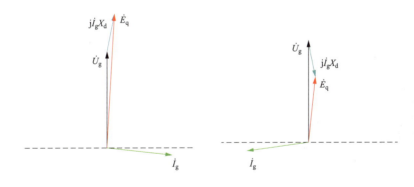

图 5-66　调相机发出无功　　　　　图 5-67　调相机吸收无功

（20）调相机顶轴油出口母管压力低报警。调相机顶轴油出口母管压力低报警满足两个条件：转速小于 620r/min 且压力低于 10MPa。低低报警：转速小于 620r/min 且压力低于 8MPa。后台软件可在报警（ALM）模块中设置转速和压力。转速及压力定值设定模块如图 5-68 所示。

（21）正常运行时顶轴油就地压力联锁退出原因。顶轴油就地压力硬联锁投入后，就地判断顶轴油出口母管压力，不经过 DCS 后台，压力低就地启动顶轴油直流油泵，不判转速，正常运行时顶轴油油泵是停运的，所以启机后就地压力开关联锁自动退出。顶轴油就地压力开关如图 5-69 所示，相应定值在压力开关内设置。

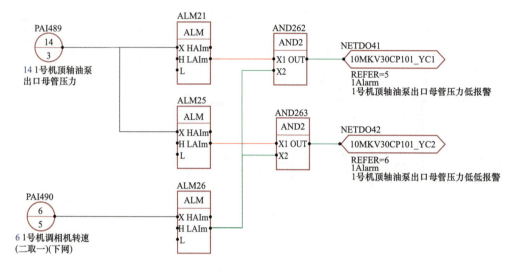

图 5-68　转速及压力定值设定模块

图 5-69　顶轴油就地压力开关

（22）DCS 中定子冷却水泵启停逻辑。以 2 号机定子冷却水 A 泵为例，DEVICE 模块完成单台设备基本的控制和联锁保护逻辑；EnON 是开使能信号，2 号机定子冷却水箱液位在 400mm 以上时使能启动 A 泵，正常水箱液位为 501～599mm；Aon 是接收开泵指令，满足周期切换至 A 泵、故障联锁启动 A 泵、巡检顺控启动 A 泵之一即可启动 A 泵；Aoff 是接收关泵指令，逻辑为 B 泵运行且周期请求切换至 B 泵同时满足，或巡检顺控停止 A 泵为 1 时，停止 A 泵；On 是启动 A 泵的输出指令；Off 是停止 A 泵的输出指令。定子冷却水泵启停逻辑如图 5-70 所示。

（23）单个循环水泵运行时，循环水系统界面的循环水泵运行时间为零的原因。循环水泵运行时间计算逻辑如图 5-71 所示，循环水系统有 A、B、C 三个水泵，软件中用 3 个二进制码代表水泵的运行状态，2 个水泵运行时二进制码为 011、110、101，对应的十进制为 3、6、5，图 5-71 中红框内的比较值依次 3、6、5。当满足比较值时，计数器才开始计时，这时运行时间开始累加。所以单个泵运行时运行时间不累加，显示时间为零。

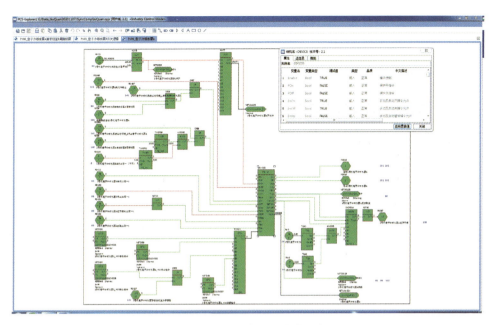

图 5-70　定子冷却水泵启停逻辑

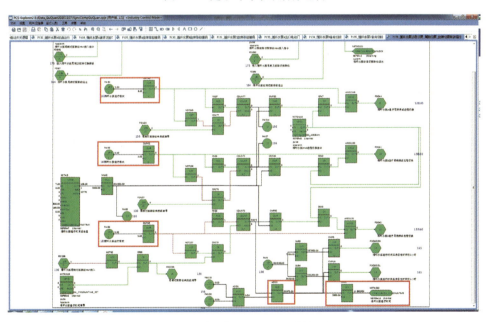

图 5-71　循环水泵运行时间计算逻辑

（24）DCS 后台 1337 接地开关灰色故障的处理方法。手动拉开 1337 接地开关后，DCS 界面 1337 接地开关为灰色，位置状态没有更新，现场的电气指示灯不亮。接地开关操作处有可以上下移动的挡板，开关在试验位置时，挡板可以向下按，这时可以插入接地开关的操作手柄；开关在工作位置时，挡板无法向下移动，存在机械联锁。当挡板向上的位置未到位时，接地开关电气指示灯不亮，DCS 后台位置指示为灰色。手动向上拨动挡板使其到位，电气指示和 DCS 后台指示正常显示。1337 接地开关的电气指示和操作挡板如图 5-72 所示。

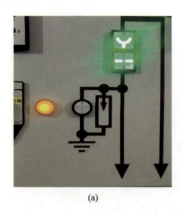
(a)

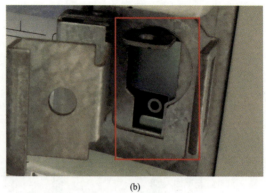
(b)

图 5-72　1337 接地开关的电气指示和操作挡板

（a）电气指标；（b）操作挡板

（25）调相机中性点侧与升压变压器侧 CT 的绝缘测量方法。查阅调相机 CT 端子箱二次接线图，如图 5-73 所示，确定调相机两端的 CT 各有 4 个绕组，确定 CT 不同绕组对应的端子排接线编号，顺利地完成了 CT 的绝缘测量。

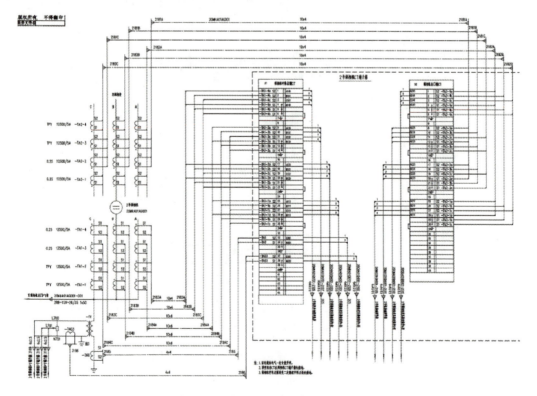

图 5-73　调相机 CT 端子箱二次接线图

（26）调相机空气冷却器的结构和安装位置。正常运行时，4.5m 层调相机本体两侧有 4 个门关闭，门上贴有"运行设备"提醒标志，其他的门可以进入。门内部不是调相机的定子线圈，而是空气冷却器系统，空气冷却器如图 5-74 所示。定子铁芯采用径向全出风结构，除出线铜排和套管外，调相机定子沿轴向中心位置对称，出线端半个调相机的具体风路为冷却气体从端盖进风口由风扇打入，一路进入气隙，经定子铁芯径向通风道流向铁芯背部，冷却定子铁芯本体及阶梯段；另一路绕过出线端定子

图 5-74　空气冷却器

线圈端部，冷却定子出线铜排和套管，然后流入定子背部，两路气体由机座出风口进入空气冷却器，如此循环，实现对调相机的冷却。定子铁芯通风示意图如图 5-75 所示。

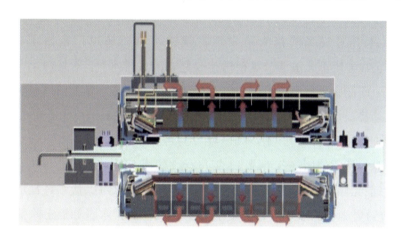

图 5-75　定子铁芯通风示意图

门内部是空气冷却器，热风从空气冷却器的底部向上流动，出来的冷风从两侧的进风口进入调相机的内部。冷却空气可以通过本体上的小型送风机输送新风。如果打开门，可能会有异物随空气进入本体内，破坏绕组的绝缘，所以正常运行时，空气冷却器的门是禁止打开的。验收的时候重点查看了两侧空气冷却器的空间内是否有异物。

（27）调相机轴承座油挡衬垫老化问题处理方法。某换流站大修期间发现调相机轴承座油挡衬垫老化，古泉换流站采用同一型号，存在同样隐患。古泉换流站年度检修期间在检查润滑油回油滤网时，发现存在老化破损衬垫，严重影响机组安全运行。古泉换流站年度检修期间对两台机轴承座油挡衬进行了升级，改为耐油纸板衬垫。润滑油回油滤网如图 5-76 所示。

图 5-76 润滑油回油滤网

（28）DCS 主从控制器切换存在跳机隐患处理方法。针对 2020 年 7 月某换流站 1 号调相机热工保护紧急跳机，古泉换流站对控制器间共享点进行排查，DPU 05 1 号机组热工主保护启动紧急停机顺序控制（下网）、DPU 11 2 号机组热工主保护启动紧急停机顺序控制（下网）可能存在缓存的调试期间的信号，影响机组安全运行。7 月 28 日，古泉换流站检修人员完成对 DPU 05、DPU 11 从控制器进行断电重启工作；同时针对此问题，联系厂家讨论优化程序设计，年度检修期间完成整改，彻底解决此隐患。年度检修期间已将程序升级至 3.30 版本。

（29）调相机转子盘根排水无法满足技术要求问题说明及解决方法。2018 年 11 月，古泉换流站调相机进行了转子进水盘根改造，安装了全新的盘根。经过 15 个月设备正常运行，2020 年 2 月现场检修人员发现盘根排水量已超过厂家技术要求（160～1000mL），且正常力矩下无法调节盘根螺栓收紧，减少排水量。4 月初，厂家人员现场再次确认了这个问题就盘根磨损情况和厂家沟通，理论上排水量上已达最大量，通过检测排水量变化趋势，排水量虽有波动，但维持为 1200mL 左右。

机组自 2018 年 12 月冲转开始，2019 年 5 月停机一个月，至 2020 年 4 月盘根运行已超厂家关于盘根耗材使用规范年限（1 年）。盘根更换需对机组进行停机，机组至计划大修时间 10 月前无停机计划，无法进行更换处理。内冷水对除盐水每日消耗量每日约 3～4t，正常应约为 2t，除盐水水箱存量水为 6t，现在的排水量如遇上除盐水系统制水问题，预计机组只能维持 18～30h 正常运行。古泉换流站年度检修期间已对两台机组盘根进行更换处理，问题已解决。

（30）2 号调相机机端三次谐波分量引发故录装置频繁启动原因。2020 年 5 月 8 日，古泉换流站调相机 DCS 后台频繁发出录波启动、返回等动作，现场检查发现 2 号机机端电压 B 相三次谐波 U_{3w} 一直在录波限 1.2V 上下波动（1.1～1.47V），瞬时返回造成后台刷屏。故障录波器中机端电压 B 相三次谐波取自调相机机端 TV1。运行期间，根据厂家方案进行了相关检查：检查调相机本体、中性点接地柜、机端 TV 及二次端子外观均无异常；使用便携式水质分析仪测定子内冷水电导率为 $1\mu S/cm$，合格；机端电压基波显示正常，零序电压波形显示正常，无其他报警信号；检查调相机—变压器组保护屏柜 B 套（四方）—定子接地保护（第二套采用基波零序电压和三次谐波电压原理，三次谐波定子接地保护用于保护调相机中性点 25％左右的定子接地，机端三次谐波电压取自机端开口三角零序电压，中性点侧三次谐波电压取自调相机中心点 TV）无启动。5～10 月故障录波器不规律刷屏启动多次，U_{3w} 瞬时最高值 1.8V，最低值 0.87V。

古泉换流站年度检修期间，对调相机本体进行绝缘测量及直流耐压试验测试，调相机本体未发现异常，后对封母绝缘进行测量，绝缘值正常。主机与封母均正常，其原因是 2 号机回路上存在电抗的细微差异，从而导致机端 B 相三次谐波值触发故障录波器启动。2020 年 12 月 9 日，2 号调相机完成启动调试并网后，2 号机机端电压 B 相三次谐波 U_{3w} 为 0.6～0.8V，暂未越录波器启动值导致故障录波器连锁启动，后续将持续跟踪。机端电压 B 相三次谐波如图 5-77 所示。

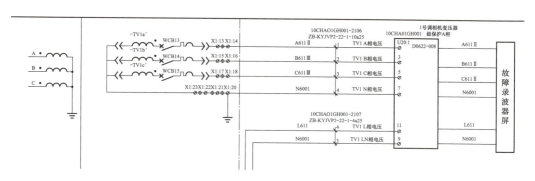

图 5-77 机端电压 B 相三次谐波

（31）2 号机定子过滤器六通阀切换不到位处理方法。2 号机定子水过滤器六通阀卡涩，无法切换到位。拆解后发现六通阀下部三通阀的右侧阀板的承力钢球磨损，导致阀门卡涩。更换六通阀下部三通阀的右侧阀板后，阀门卡涩现象消失，阀门工作正常。2 号机定子水过滤器六通阀如图 5-78 所示。

图 5-78 2 号机定子水过滤器六通阀

（32）润滑油系统排烟风机底盘积油问题处理方法。1、2 号机润滑油排烟风机在运行过程中发现油系统装置风机底盘有积油，风机出口处有渗油情况。底盘积油常导致排烟风机过载跳机。初步分析判断连接软管、橡胶垫片运行一定时间后有老化情况，产生漏油，堆积在底盘。对排烟风机更换了橡胶垫片及软管，底盘下方增加阀门及排油管，后期运维工作增加定期排油工作。底盘积油如图 5-79 所示。

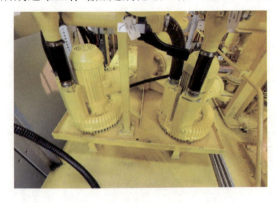

图 5-79　底盘积油

（33）润滑油集装装置过滤器入口处截流阀渗油处理方法。运行中发现 1、2 号机润滑油过滤器入口处截流阀渗油，节流阀轴与轴套之间的密封件为 Y 形密封圈，设计选用的材料为聚氨酯。聚氨酯密封圈具有耐磨、耐油、耐低温、抗冲击等特点。聚氨酯密封圈耐高温性较差，最大使用温度不大于 90℃，而调相机润滑油系统最大回油温度为不大于 70℃，接近其最大使用温度；自然耐候性较差，使用一段时间后密封圈发生了质变，引起密封处渗油。现场拆开发现阀杆内 O 形圈老化、变形，更换新型调节阀阀杆及其 O 形圈。截流阀渗油如图 5-80 所示。

（34）润滑油三通温控阀顶部温控组件渗油处理方法。运行巡检中发现 1、2 号机润滑油温控阀螺栓出现渗油情况，润滑油温控阀螺栓渗油如图 5-81 所示。温控组件与阀体的连接为螺纹形式，在出厂安装时为保证温控组件在标牌位置位于温控阀的正面，未把螺纹拧到底部，单靠密封胶进行密封，长时间运行后其螺纹密封处发生了渗油现象。对 1、2 号机润滑油温控阀上方打磨平整处理后更换新型 O 形圈。投运后 1 号机集装油箱温

图 5-80　截流阀渗油　　　图 5-81　润滑油温控阀螺栓渗油

控阀处还存在轻微渗油情况，其原因为密封胶未完全冷却投运，由于装置已投运，无法停电处理，现场观察渗漏量较少，待后期持续观察。2号机此问题已解决。

（35）润滑油连接处渗油问题解决方法。1号机油箱阀块底部有渗油情况，现场检查初步判断由电磁阀内O形圈老化、移位，密封失效导致；输送管道充油截止阀两侧法兰有轻微渗油情况，现场检查初步判断为法兰内密封垫片位置移位。更换阀块上方电磁阀O形圈；法兰有轻微渗油更换新的垫片，法兰螺栓对角收紧。法兰垫片如图5-82所示。

图5-82 法兰垫片

（36）1号调相机润滑油油净化装置多次反馈跳变问题说明。1号机启动调试期间，油净化装置发生两次反馈跳变，现场检查为LS04集油盘液位开关报警。检查底部集油盘无积油，对传感器进行手动测试未发现异常，发现液位开关支撑架螺栓固定松动，可能导致运行中位移导致误报警。并网后油净化装置发生四次反馈跳变，现场检查LS03液位开关高液位停机报警图，初步分析AV02电动循环球阀存在异常，导致回流至真空容器的流量不稳定。调试期间LS04集油盘液位开关报警，对传感器固定螺栓进行紧固，重新试投后，润滑油净化装置恢复正常运行，后期未发生此类问题；LS03液位开关高液位停机报警，待备品到站后，更换AV02电动循环球阀。LS03液位开关高液位停机报警如图5-83所示。

（37）除盐水系统漏油问题处理方法。除盐水系统加药系统附近存在药品泄漏导致电缆槽盒、设备及地面腐蚀，加药系统软管药品泄漏如图5-84所示；反渗透（RO）产水箱压力变送器排污阀接头漏水，多次处理后经常出现，初步分析为基建时用的硬管弯曲连接不服帖导致；加药计量泵软管存在漏水；二级高压泵存在轻微渗水情况，初步分

图5-83 LS03液位开关高液位停机报警

图5-84 加药系统软管药品泄漏

析为机封磨损。更换新电缆槽盒；排污管道已完成硬管改成软管；加药计量泵更换接头、软管；二级高压泵已完成更换机封。

（38）外冷系统温度调节阀无法调节温度的解决方法。启动2号机外冷水时，发现2号机定子线圈进水温度高至40℃，阀门开度75％。温度高与阀门开度高同时存在矛盾。调节给定温度为30℃后，定子线圈进水温度不变，阀门开度不变，没有跟随给定。2号机定子冷却器温度调节阀过程量不跟随给定值如图5-85所示。

初步分析原因为定子水走冷却器A，而外冷水走冷却器B，没有起到冷却的效果，手动切换至外冷水冷却器A运行，定子线圈进水温度跟随给定值，温度降为30℃。2号机定子冷却器温度调节阀过程量跟随给定值如图5-86所示。

图5-85　2号机定子冷却器温度　　　　图5-86　2号机定子冷却器温度
调节阀过程量不跟随给定值　　　　　　调节阀过程量跟随给定值

（39）2号调相机主机软连接恢复时退定子接地保护的原因。调相机主机软连接恢复即恢复封闭管母与主机的软连接引线。运维人员在封闭管母相连的2221隔离开关上方静触头上挂接地线，确保封闭管母无感应电压。测量本体侧软连接有持续的感应电压，检查发现2号机的定子接地保护在投入状态，PCS-985U电源模块是调相机定子接地保护辅助装置，输出的低频电压加在调相机中性点接地变压器负载电阻R_n两端，通过接地变压器将低频信号注入调相机定子绕组上。运维人员投入2号机调相机-变压器组保护C3柜20CHA03GH003，PCS-985U退出运行压板6RLP，再次测量本体侧软连接时没有了感应电压。定子接地保护辅助装置退出运行压板如图5-87所示。

（40）调试时2号调相机机端线电压U_{ab}、U_{bc}显示为灰色的原因。2号调相机升压变压器做第一次耐压试验时，发现DCS后台2号调相机机端线电压U_{ab}、U_{bc}为灰色，且示数小于正常线电压20kV。DCS后台报"2号机出口TVB相电压双重化信号偏差大"告警事件。查看软件逻辑发现机端电压互感器TV1 B相电压异常，初步判断为熔丝损坏。

图 5-87　定子接地保护辅助装置退出运行压板

随后在 2 号机转检修时，拉出机端 TV 柜，测量
TV1 B 相熔丝，熔丝不通电流，说明熔丝已经烧
坏，更换备件。测量其他 TV 柜内熔丝，电阻正
常，调相机带电后机端 TV 电压显示正常。TV
柜 TV1 B 相内部结构如图 5-88 所示。

（41）2 号调相机假同期试验，出现调相机—
变压器组保护 A、B 套动作不一致的原因。2 号
调相机做假同期试验时，2 号机调相机—变压器
组保护 B 启动，22s 后 2 号机调相机—变压器
组保护 A 启动，41s 后 2 号机调相机—变压器组保
护 B 动作出口跳闸，2 号机调相机—变压器组保
护 A 未动作。2 号机调相机—变压器组保护 B 动
作报文如图 5-89 所示。

图 5-88　TV 柜 TV1 B 相内部结构

初步检查故障为 B 套保护动作后导致断路器变位，A 套保护准备动作时不满足动作
条件。随后退出调相机—变压器组保护 B 保护出口连接片，进行假同期试验，结果保护
A 正确动作。2 号机调相机—变压器组保护 A 动作报文如图 5-90 所示。

（42）2 号调相机转子线圈进水流量压差低跳机 2 测点故障原因。进行 2 号调相机假
同期试验时，转子线圈进水流量正常，转子内冷水界面 2 号机转子线圈进水流量低跳机
2 测点红色，其他两个测点正常。转子线圈进水流量低跳机 2 未达定值动作，判断压差
开关损坏，经上级调度许可屏蔽转子线圈进水流量低跳机 2，动作逻辑从三取二改为二
取二。压差开关备件到货后进行更换，更换后转子线圈进水流量低跳机 2 测点恢复正
常。更换后的压差开关及定值如图 5-91 所示。

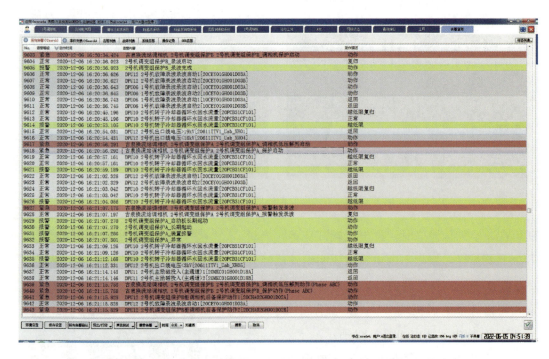

图 5-89　2 号机调相机—变压器组保护 B 动作报文

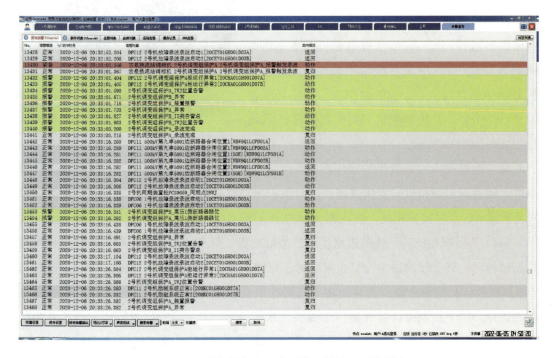

图 5-90　2 号机调相机—变压器组保护 A 动作报文

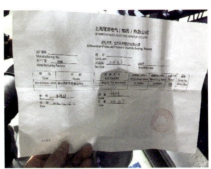

图 5-91　更换后的压差开关及定值

（43）2 号机盘车后台无法启动原因。2 号调相机启机前准备启动 2 号机的盘车，DCS 后台启动失败。现场检查盘车系统正常，控制方式切换至就地，就地启动盘车，盘车小齿在电磁阀控制下尝试 2 次后与转子大齿准确咬合启动成功。再次尝试 DCS 后台启动，盘车小齿与大齿咬合 4 次均没有到位，盘车启动失败。判断故障由盘车系统不稳定引起，更改盘车气动电磁阀复位时间，由默认值 1s 改为 1.3s，就地启动盘车正常，DCS 后台启动盘车正常。

（44）2 号 SFC 启动时 134 断路器未合闸原因。恢复 2 号 SFC 运行时，进行顺控启动 2 号 SFC 拖动调相机。顺控合闸 134 断路器失败，检查 134 断路器电气联锁合闸条件不满足，进一步检查发现 2 号隔离变压器门节点未到位，门节点行程开关串联在 134 断路器合闸回路中。隔离变压器的门节点行程开关在门的上部，门锁的卡扣在门的下部，当门锁上时，上部的行程开关可能没有到位，隔离变压器门设计存在一定的缺陷。重新锁上隔离变压器的门，确认行程开关到位，顺控成功启动 2 号 SFC。

（45）1 号机主副励磁系统切换时 M101 开关跳闸原因。副励磁系统在启动阶段投入，将调相机转速从 0 拖到 3150r/min，随后调相机惰速运行，副励磁系统退出运行，主励磁系统投入运行，建立机端电压，抓同期点并网运行。顺控启动 1 号机时，副励磁系统退出运行切换至主励磁系统时，直流灭磁开关 M101 跳闸。检查励磁系统故障信号发现，励磁系统中转速大于额定信号缺少一个，正常有转速大于额定 1 和转速大于额定 2 两个信号，导致主励磁没有建压成功，灭磁开关 M101 跳闸。1 号调相机电气 01 柜内继电器松动导致，将继电器紧固后顺控启动成功。励磁系统接线图如图 5-92 所示。

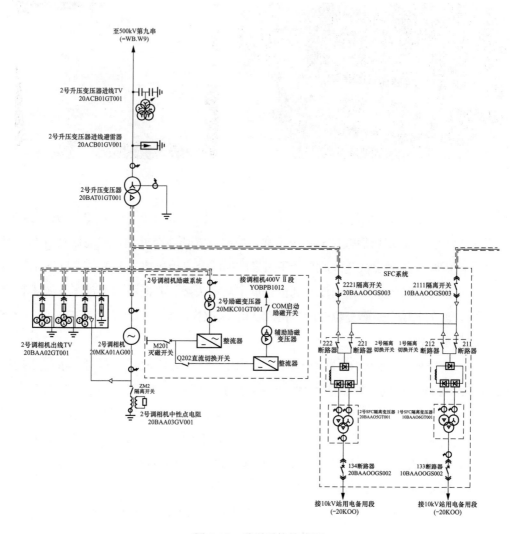

图 5-92　励磁系统接线图

6 首检数字化建设

古泉换流站是世界上唯一一座交直流电压等级均为最高的换流站,也是国网安徽公司管辖的首座换流站,站内设备规模大,首台首套设备多,技术要求高,运维责任重。国网安徽公司根据国网公司首批数字化换流站试点建设要求,结合"数字新基建"重点任务,在古泉换流站开展数字化换流站示范项目建设,先行先试。系统应用"大云物移智链"技术,围绕现场运检业务需求,以"能用、好用、用好"为导向,开展数字化、智能化换流站建设。

数字化古泉换流站建设一期工程于 2019 年 10 月正式开工建设,涉及古泉换流站换流变压器区域远程智能巡视系统、在线监测等存量系统整合接入、滤波器场远程智能巡检系统、辅助设备设施及环境监测改造、主动火灾监测预警系统改造、变压器与 GIS 设备在线监测系统完善改造、边缘物联代理一体化平台、古泉换流站精细化三维建模及三维全景管控系统等建设内容。

古泉换流站在做好全站设备年度首检、站内交直流设备安全稳定运行等各项现场工作同时,积极主动、精心组织、深度参与、严把安全,首检结束后,攻坚完成数字化换流站一期工程。

6.1 数字建设策划

6.1.1 感知终端部署

(1)换流变压器远程智能巡检方面。圆满完成 554 套智能巡检装备的安装以及智能巡检系统部署。古泉换流站在连续 41 天复工复产的四阀组轮停检修、迎峰度夏期间不停电施工(迎峰度夏期间施工作业管控图见图 6-1)、2020 年首次年度检修等关键节点中,采取认真组织实施、严审施工方案以及动态调整施工计划等措施,在守住新冠肺炎疫情防控和现场安全的同时,完成换流变压器顶部、油池底部、换流变压器舱内及阀厅挑檐等重点监视部位的智能巡检装备全部署,构建可广域监控全局的视频监控系统。首检期间每日进度、计划管控如图 6-2 所示。完成在运的 24 台换流变压器智能终端装置与巡视点位匹配工作，强化换流变压器运行工况监测感知能力。换流变压器智能巡检成效见附录 A。

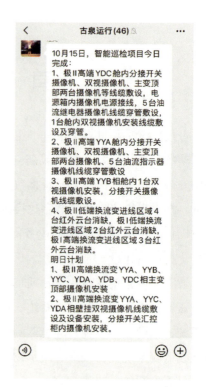

古泉换流站换流变压器区域远程智能巡视建设不停电实施工作方案

一、已安装现状

1. 计划安装设备：24台换流变压器计划共安装各类摄像机472台，拾音器48台。其中红外双光摄像机8台，红外双视摄像机48台，红外卡片机24台，7寸高清摄像机176台，高清固定枪机120台，油池口高清半球24台，汇控柜内小型云台摄像机72台。

2. 已安装设备：截至目前换流变压器区域完成安装摄像机270台，拾音器32台。其中红外双光摄像机4台，红外双视摄像机32台，红外卡片机3台，7寸高清摄像机138台，高清固定枪机60台，油池口高清半球24台，汇控柜内小型云台摄像机9台。

3. 点位分布：极Ⅰ低端换流变压器79台（阀厅顶部双光测温摄像机2台，双视测温摄像机12台，油池摄像机6台，主变顶部摄像机12台，冷却器摄像机20台，壁挂摄像机23台，落地柜摄像机4台）。极Ⅰ高端换流变压器72台（双视测温摄像机9台，油池摄像机6台，主变压器顶部摄像机12台，

图 6-1　迎峰度夏期间施工作业管控图

图 6-2　首检期间每日进度、计划管控

（2）拓展新型感知手段方面。首检期间组织完成 6 台换流变压器及 500kV GIS 设备共 190 台超声波、高频电流及特高频局部放电监测装置部署，换流变压器特高频电流传感器、500kV GIS 特高频局部放电传感器分别如图 6-3、图 6-4 所示。探索实践设备状态多维感知智能应用，提升感知层应用的穿透力，提高设备的状态感知水平，并将监测信息统一接入边缘物联代理一体化平台进行综合管控，提高变电生产人员的工作效率，为检修工作提供决策依据。

图 6-3　换流变压器特高频电流传感器

图 6-4　500kV GIS 特高频局部放电传感器

（3）拓展消防接入方面。组织完成户外直流场 32 套极早期火灾预警装置安装部署。实现消防探测和灭火装置联网，构成集实时监测消防预警系统运行状态、数据收集、分析数据、视频联动等为一体的换流站消防预警系统，提升电缆沟火灾隐患早期预警和自动灭火能力。消防探测采样示意图及电缆沟安装灭火装置如图 6-5、图 6-6 所示。

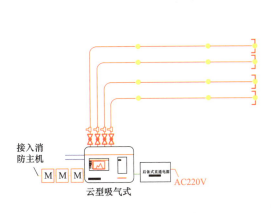 

图 6-5　消防探测采样示意图　　　　　图 6-6　电缆沟安装灭火装置示意图

6.1.2　站端平台建设

（1）组织搭建站端边缘物联代理平台，首次实现站端数据"孤岛"融通。作为数据汇集的中枢，按照统一的数据模型为业务应用提供数据，完成一体化在线监测、换流变压器红外在线监测、阀厅红外在线监测等 12 套存量系统的整合汇聚接入，打通数据壁垒。开展站端业务应用，实现换流变压器远程智能巡检，主辅设备全面监视，试点实现辅助设备智能联动、故障缺陷智能诊断等功能。并搭载红外诊断、声纹识别、作业行为检测等"类脑"识别算法，提升数据智能诊断能力。智慧运检管控平台建设成效见附录 B。

（2）采用数字孪生技术虚实映射，实现换流站三维全景动态可视。首次采用"数字孪生"技术，以物联感知数据驱动设备三维模型动态仿真，营造超现实全景交互环境，精准刻画古泉换流站三维实景一张图，做到想看什么数据就能看到什么数据，三维全景管控驾驶舱如图 6-7 所示。古泉换流站加快推进换流变压器消防应急处置数字化流程，应用最新应急演习方案，逐条、逐项梳理消防流程处置图，让每天在岗人员明晰消防职责分工，组织现场人员深度参与，让数字化平台的消防模拟演练模块从演示到适用再到实用，进而提升站内消防应急处置能力。全景管控驾驶舱建设成效见附录 C。

图 6-7　三维全景管控驾驶舱

（3）开发换流变压器区域三维数字孪生智能巡检系统。通过基于物联网与数字孪生的特高压换流站数字化管控平台建设，全面提升设备状态和运检业务的智能化水平，建成具有全息感知、泛在互联、自主预警、高效互动特征的数字化换流站，换流变压器虚拟巡检图如图 6-8 所示。换流变压器虚拟巡检建设成效见附录 D。

图 6-8　换流变压器虚拟巡检图

6.2　数字建设成效

首检期间，面对首次年度检修任务重、重点检修项目施工难度大、现场检修作业安全风险高、数字化换流站建设任务多的局势。古泉换流站采用提前制定专项方案，建立长效推进机制，先后组织专人负责管理推进，组织专业管理人员负责现场施工管理、验收管理，运检人员深度参与等模式加快推进数字化换流站建设。形成双创中心、驻站双线开发模式，建立问题清单闭环管理和日报周报机制，连续攻坚 12 个月、2158 人次不舍昼夜地加快推进数字化换流站平台朝着"能用、好用、用好"的方向建设。

6.2.1　安排专人负责建设管理推进

以现场实际问题为导向，推进系统平台建设，白天统筹协调数字化换流站平台建设内容，逐条确认需求问题处理情况，累计提出 827 条需求问题，已完成整改 453 条，深夜编写反馈建设日（周）报，累计发出日报 130 篇，周报 12 篇，所建机制受到国网安徽公司领导的充分肯定。数字化建设推进日报、周报分别如图 6-9、图 6-10 所示。

图 6-9　数字化建设推进日报

图 6-10　数字化建设推进周报

6.2.2　组织运检人员深度参与建设

（1）充分利用站内两班倒的上班模式，发挥站内青年积极性、创造性，结合现场运检业务，挖掘应用需求，与研发人员协同开发，推动需求落地应用。双创中心平台开发如图 6-11 所示。

图 6-11　双创中心平台开发

（2）推动站内人员加大使用力度。组织研发人员、二次班组严审平台内网插件安装的安全性，确保网络安全，信息系统研发要求、视频插件安全声明分别如图 6-12、图 6-13 所示。编写安装手册，打通内网机平台安装渠道。并在主控室、管理人员内网机布置边缘物联一体化平台，组织开展会议对建设方向、系统功能等进行宣贯学习，推进运维人员更好地运用，提出对平台的实用性需求。

图 6-12　信息系统要求

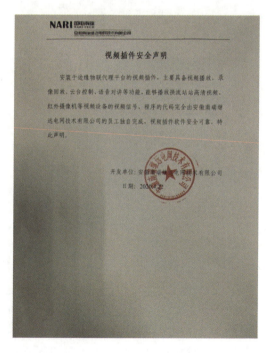

图 6-13　视频插件安全声明

6.2.3　组织专业管理人员负责现场施工管理、验收管理

首检结束后，古泉换流站全力推进数字化换流站联调工作，第一时间启动"机器代人"工作进程，使用自动巡检功能加快试运行，建立试用发现问题快速解决机制，组织站内运维、检修、安全管理专责功能模块负责数字化换流站替代工作推进，坚持建设完善、验细验全的原则，确保一期工程顺利投入应用。

6.2.4　不断加强数字化示范标杆品牌建设

古泉换流站不断加强品牌窗口建设，完成各级迎检任务 312 项，1689 人次，展示数字古泉的形象，发挥国网安徽公司运检管理窗口的作用，品牌窗口建设如图 6-14 所示。根据系统平台迭代情况，不断完善优化演示汇报内容 73 次，其中为保证最优演示汇报内容，跨昼夜完成 21 次，向国网公司领导、国网安徽公司领导及兄弟单位进行汇报演示，得到各层级领导充分肯定。数字化标杆窗口品牌建设情况见附录 E。

图 6-14　品牌窗口建设

6.3　后续建设推进计划

6.3.1　攻坚 24 台换流变压器机器巡视全替代

古泉换流站正加快开展自动巡检算法调试行动，训练提升算法识别准确率，确保尽早实现 24 台换流变压器机器巡视全替代。

6.3.2　积极推进视频融合技术的开发应用

梳理视频融合技术开发需求，建立项目对接联络机制和项目工作计划，着力实用化技术难关攻克，加快建成视频融合应用场景，推进视频融合技术应用成果在换流站成熟落地。视频融合建设计划表、户外直流场视频融合画面、基于 CS 架构的阀厅模型如图 6-15~图 6-17 所示。

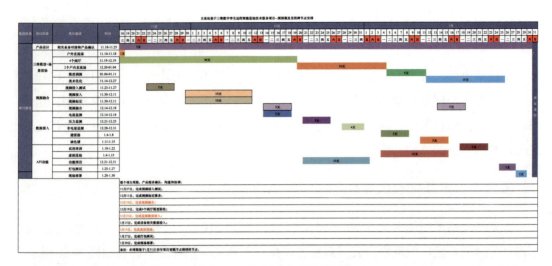

图 6-15　视频融合建设计划表

图 6-16　户外直流场视频融合画面

6.3.3　扎实推进滤波器场智能巡检实施

审核把关交流滤波器场智能巡检点位覆盖全面性和现场施工安全性，开展视频摄像头安装调试，加快推进交流滤波器场的巡视场景部署和算法开发，扎实开展滤波器场机器巡视全替代工作。滤波器场巡检施工进度图如图 6-18 所示。

图 6-17　基于 CS 架构的阀厅模型

图 6-18　滤波器场巡检施工进度图

6.3.4　加快推进巡检机器人全部投入使用

加快巡检机器人 5G 网络模块安装调试工作，攻坚换流站滤波场无线干扰难题，加速 5G 巡检机器人现场落地应用进程。古泉换流站 5G 信号全覆盖、智能巡检机器人分别如图 6-19、图 6-20 所示。

图 6-19　古泉换流站 5G 信号全覆盖　　　　图 6-20　智能巡检机器人

6.3.5　认真组织开展 "双创" 成果—智能巡检穿戴系统现场使用

古泉换流站智能巡检穿戴系统作为公司首个双创项目成果，由站内人员自主研发并孵化出炉，并将该装备接入数字化换流站平台，开展巡检机器人、自动巡检系统、三维全景驾驶舱和专业人员联合巡检，积累巡检经验，提升站内智慧运检水平和安全管控智能化水平。智能巡检穿戴系统研究与应用如图 6-21 所示。

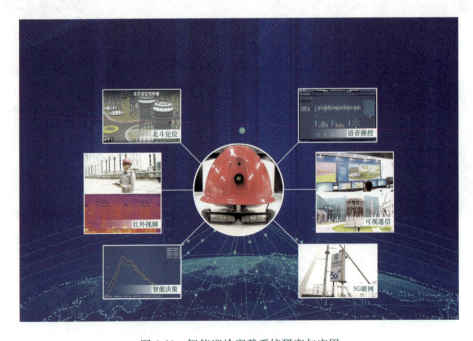

图 6-21　智能巡检穿戴系统研究与应用

7 首检党建工作

7.1 首检党建引领

7.1.1 加强学习，增强履责担当意识

党建引领，初心建功。建立线上学习阵地，以"党支部带头学、党小组集中学、党员主动学"的形式深入学习，对身边团员、群众进行传播学习，提高思想认识，凝聚齐心协力、奋发有为的精神力量，为首检思想作保障打基础。学习贯彻相关精神如图 7-1 所示。

图 7-1 学习贯彻相关精神

7.1.2 党员带头，众志成城

从年初开始，全员积极备战首检大考，以党员为骨干着手编制首检方案，组织召开内审会、推进会、收心会共 16 次，召开工作例会 32 次，将计划申请、安全管控、后勤保障、宣传策划等 10 个模块细化为 55 个具体工作任务，逐条明确责任、逐项分解到人，

围绕四个"不发生"、三个"百分之百"、两个"提升"的年度检修目标，集中全站力量开展首检建功。开展首检开工仪式，让党员、团员在检修现场高扬旗帜、奋勇当先，让党旗、团旗在检修现场高高飘扬。古泉换流站"党员突击队""青年突击队"如图 7-2 所示。

图 7-2　古泉换流站"党员突击队""青年突击队"

7.1.3　岗责融合，落实设备主体责任

成立首检现场共产党员服务队、青年突击队，发挥党员骨干先锋模范作用，依托党员设备主人制（见图 7-3），对检修现场全过程跟踪。做好安全监督和质量管控，发挥"支部—党员服务队—攻坚小组"战斗矩阵，确保责任层层落实；全体党员佩戴"党员安全督察员"袖章，首检现场主动亮出身份，做到党员身边"无隐患、无违章、无事故"，强化"党员＋设备"岗责融合。

图 7-3　落实党员设备主人制

7.1.4　积极创先争优，彰显电力窗口形象

坚持把统一思想、凝聚力量作为重要任务，实现中、英文双语解说和展示，开展"媒体走进特高压"活动；制作首检安全手册、专题展板、首检 logo 和图册设计工作；并每晚坚持召开宣传工作会议，通过公司公众号专题，宣传到每一位古泉青年，展现古泉青年奋发有为干精彩。古泉换流站首次年度检修相关活动如图 7-4 所示。

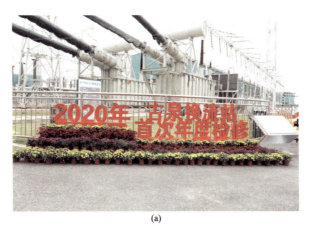

(a)

(b)

(c)

图 7-4　古泉换流站首次年度检修相关活动（一）

（a）古泉换流站首次年度检修 logo；（b）古泉换流站首次年度检修调相机检修展板；

（c）古泉换流站首次年度检修集中检修展板

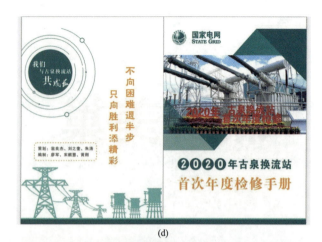

(d)

(e)

图 7-4　古泉换流站首次年度检修相关活动（二）

（d）古泉换流站首次年度检修手册；（e）完善国网战略标语落地

7.2　关爱员工、办实事

7.2.1　积极解决员工诉求

首检期间，站领导主动把秋装让给站内无秋装员工，让员工安心工作；及时解决青年员工关注问题 20 多个，并畅通职工意见反馈渠道。做好迎峰度夏、防疫期间的慰问，定期开展对职工和节日坚守岗位的同志进行走访，安排好帮扶人员的后勤。

7.2.2　提升站内氛围

通过"职工书屋""健康运动"、开通有线电视、布置洗衣房、节日特色餐饮、陪同当班人员过节等，营造"员工之家"的氛围，着力打造更加用心、安心、舒心的工作生活环境。

7.2.3　做实 "六必谈六必访"

支部安排专人归口管理，充分发挥支委作用，号召采取"身边的人关心身边的人"方式互帮互助互相关心，充分了解群众思想动态，积极化解矛盾、解决问题；关心、关注首检期间困难职工，从工作方面给予帮助。

7.2.4　推进为职工办实事

首检期间，古泉换流站加强后勤试点工作，承担了公司为职工办实事其中一项重点工作，古泉换流站膳食委员会高度重视、精心组织，指导膳食小组成员承担好首检通宵工作、连续奋战现场送（配）餐等服务，得到公司充分认可。

8 首检后勤、防疫管理

8.1 首检后勤策划

自2020年6月开始在超高压公司领导关心指导下，根据公司安排，食堂和物业管理工作由公司管理转交到站内管理。古泉换流站高度重视，在前期工作基础和公司办公室、综合服务中心帮助下，积极对接，第一时间成立膳食委员会及后勤小组，明确具体日常管理，全力做好后勤保障工作。面临着首检每天几百人的用餐需求，膳食委员会提前谋划准备，通过完善食堂工作机制、加强计划管控、提高菜品质量、管控收支平衡良性循环、提升软硬件设施等措施，为10月份首检大考做好后勤准备。

8.1.1 完善食堂工作机制

由古泉换流站负责人、分工会委员、管理人员代表、班组长和班组膳食小组成员组成膳食委员会，为食堂民主和规范管理创造条件；建立规章制度，对后勤物业人员行为进行规范，加强考核管理，充分发挥作用；安排膳食小组人员（站内运检人员），每日排班值班，参与用餐高峰时段的食堂管理，确保物业食堂正常运转和各项制度落地实施。食堂规章制度如图8-1所示。

8.1.2 加强计划管控、节约管理

秉承拒绝"剩"宴的原则，食堂后厨控制对食材的使用，尽量精准取用食材，减少浪费；常态化实行报餐实名制，精确掌握就餐人员就餐明细，避免计划不准的浪费；针对菜品开展微信群问卷调查，最大限度满足员工用餐需求；推行每周菜谱，保证每天每餐的变化率，提高服务质量。

8.1.3 提升站内环境、打造优质食堂

配备相应辅助设备，新添茶水间洗杯器、茶水池，以及洗手间挤压式洗手液、垃圾

图 8-1 食堂规章制度

桶、门牌、指引牌及消毒记录，完善洗衣间环境，设置专用洗衣机，做好洗衣机维护清理等；食堂内更换窗帘、牙签盒及纸巾盒，新添餐桌标语牌，让公共区域布置更加合理，保障职工连续、高强度工作期间的作业和休息环境。

8.1.4 完善首检就餐制度

制定首检期间外单位人员与站内职工错峰就餐制度，食堂工作人员将外单位人员餐食提前打包好，方便外单位人员取餐；根据现场工作情况，适当给职工提前开餐，延缓收餐时间，用细节保障职工切身利益，让大家工作安心、舒心。

8.1.5 加强物业人员管理

详细物业管理方案，分工明确，做好台账信息建立与归档，每日记录检查情况，每月进行归档装订；合理调整物业人员上班时间，物业管理、保洁人员每晚安排值班，机动灵活，积极应对现场需求。

8.1.6 推进为职工办实事

首检期间，古泉换流站加强公司后勤试点工作，承担了公司为职工办实事其中一项重点工作，古泉换流站膳食委员会高度重视、精心组织，指导膳食小组成员承担好首检通宵工作、连续奋战现场送（配）餐等服务，得到上级领导充分认可。

8.2　常态疫情防控

8.2.1　全面落实秋冬新冠肺炎疫情防控要求

精心精细研究制定适合年度首检现场的防疫管控方案和应急处置方案，成立现场新冠肺炎疫情防控工作小组，坚决做到"四不"，落实"四勤"；建立防疫工作群，加强新冠肺炎疫情信息报送，第一时间响应青岛等地新冠肺炎疫情突发情况，进行全面排查，对防控重点再加固、防控要求再落实，确保响应迅速、措施落实及时得力。

8.2.2　进站管理智能化

吸取3月四阀组轮停工作经验，在当前常态化防疫的背景下，在保证严把人员进场关的同时提高近千名作业人员的进场速度，提前扫码备案，并应用科技手段，配置3套智能访客系统，人员进出、个人体温信息和身份信息自动检测识别，体温存在异常和未登记的人员禁止入站工作，使得现场繁重的防疫管控工作智能化，严把首检防疫关，做到防疫和安全生产"双胜利"。

8.2.3　保障物资供应，强化场所防控

积极对接公司采购的口罩、温度计、酒精、喷壶等防护物资，并保持防疫物资采购渠道畅通，做好防疫物资必需品保障；常态化安排物业保洁人员对公共区域、办公室、主控室、食堂开展消毒、通风工作，对人员接触密集的部位增加消杀频次，确保环境安全，强化场所防控。

9 首检宣传管理

金秋十月，古泉换流站迎来投运后的首次年度检修工作。古泉换流站认真落实超高压公司九月政工例会会议要求，组织好首检期间宣传策划工作，认真围绕见人见事见思想，事前事中事后三个环节组织宣传工作，将宣传深入现场一线，宣传与首检工作同步进行，第一时间发出鼓舞士气、振奋人心的古泉首检夜晚、古泉送电成功、积极数字化换流站建设推进、主设备集中综合检修圆满完成等报道，还积极开展对古泉换流站青年现场干精彩的宣传，做到宣传到每个人，动态调整和制定策略，并且全程做好外媒进站的宣传配合工作，快速报道出反映古泉换流站窗口形象、职责定位、立足岗位干精彩的报道。

9.1 宣 传 策 划

9.1.1 根据不同媒体平台分别进行组稿

古泉换流站在国网公司网站、国网安徽公司网站、超高压公司网站等不同媒体平台发稿，在国网公司网页发稿《±1100kV 古泉换流站首检工作开展》，在国网安徽公司网页发稿《护航古泉换流站首检防疫准备工作》《备战古泉换流站首检工作》，取得良好反响。媒体宣传报道见附录 F。

9.1.2 制定站内宣传方案

古泉换流站深度策划"安徽省检·古泉首检""安徽省检·古泉青年"等专题 H5，并且主动联系超高压公司党建部在公司公众号发表。借助收心会介绍宣传工作，以报道、照片及视频等多形式记录精彩检修场景及故事，以点带面推动宣传工作，将宣传工作与一线工作深度融合，打造出"人人都是宣传员"的格局，构建与古泉首检现场强互动、快速度的良好局面。

9.1.3 编写外媒进站宣传方案

古泉换流站首次年度检修意义重大，从背景、检修内容、意义等多方面编写外媒进站宣传方案，让其更快更直观地熟悉站内情况，此外还提前准备以让其快速了解整个大修的情况，还组织安排人员提前准备配合工作，组织好车辆、现场、后勤、登高车等各项保障工作。

9.1.4　自主拓展宣传渠道

古泉换流站提前与亮报、中国电力报、安徽工人日报、中安在线等媒体建立深度合作，及时将古泉换流站青年奋发有为干出精彩的事迹、现场好的管理方法等宣传出去，并取得了一稿多投的成效，形成宣传内外开花的局面，擦亮古泉换流站窗口、叫响古泉换流站品牌、传播古泉换流站精神（见图9-1）。

图 9-1　古泉换流站安全运行 1000 天

9.2　工作组织及成效

9.2.1　每天召开宣传小组会议部署第二天宣传重点任务

明确宣传内容后，先提前组稿文字，将重要节点事件用图文的形式高效率立即宣传，快速展现古泉换流站年度检修中的重大节点工作，累计发稿公司公众号28期，其中"安徽省检·古泉青年"发稿8期，每期7~8人，做到宣传基层一线每个人，展现见人见事见思想，奋发有为干精彩。

9.2.2　主动挖掘，灵活报道

挖掘并发挥站内运检人员擅长组稿、摄影、H5设计、制作视频等优势，边工作边收集素材，真正做到采访报道深入一线、全面覆盖，宣传效果优良，也为今后打造了一支精干的宣传团队夯实基础。例如，以"孙洪健作品"形式策划、出镜、剪辑为一体的视频宣传2个——《首检我们是这样干的》《古泉换流站首次年度集中检修剪影合集》，让现场检修工作更直观地呈现在观众面前，全面提升团队荣誉感和凝聚力，也充分调动古泉青年创作热情与激情，提高古泉青年自主报道能力，强化宣传工作落地一线的根基。

9.2.3 精心组织采访，提高合作成效

在"媒体走进古泉首检"现场时，充分发挥古泉换流站主人翁身份，积极对接央广网、中国能源报、人民网、安徽卫视、安徽日报等媒体进行现场采访。古泉换流站精心组织，便于媒体真实提供多视角，及时进行问题解决、材料提供及审核，累计在新华社日文专线等央级媒体刊发报道9篇，在国网公司网站、国网报等刊发报道6篇，在国网安徽公司网页要闻、皖电动态、各融媒体刊发首检报道32篇，增强了古泉品牌影响力。通过此次首检与各媒体建立联系，便于今后宣传渠道的拓展。"媒体走进特高压"宣传方案见附录G。

9.2.4 古泉换流站月度宣传积分创公司历史新高

根据古泉换流站新闻宣传工作日报（2020年第9期），9月21日至10月20日，古泉换流站发稿篇数48篇、发稿积分92.5分，其中国网公司媒体5篇、行业媒体1篇、国网安徽公司媒体4篇、网络媒体3篇、地方媒体1篇（以上报道篇数不含外媒进站宣传），在公司各基层单位中遥遥领先，位于榜首。此外，还积极参与围绕中秋、国庆保电的宣传工作，在公司策划的《坚守一线｜"节日我在岗"》《图｜保电一线的"红色先锋"》专题中，古泉换流站员工上榜3次，让每期的公众号都有古泉换流站青年员工的身影，并且获得《皖检头条》第47期最佳随手拍，有力彰显了古泉换流站责任担当的良好形象。宣传报道统计情况如图9-2所示。古泉换流站公众号宣传专题见附录H。

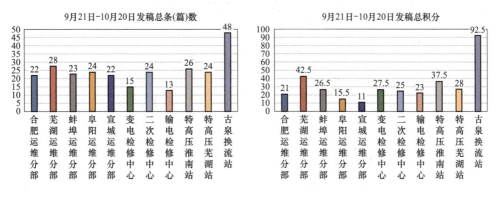

图9-2 宣传报道统计情况

附录A　换流变压器智能巡检成效

完成24台换流变压器共92台红外摄像机、410台高清摄像机安装，并提出将设备巡视情况可视化展示反馈。具体可见图A1～图A9。

图A1　提出换流变压器舱内摄像头巡检点位直观分布需求

图A2　换流变压器汇控柜内卡片机

图A3　换流变压器汇控柜内摄像头

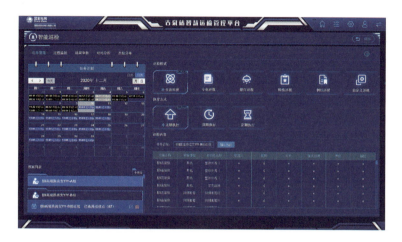

图 A4　换流变压器智能巡检未优化前界面

图 A5　提出窗口可折叠显示，可展示更多预案，优化界面图

图 A6　提出点击巡检点位配置，弹出对应画面，便于核对检查

图 A7　提出统计当天执行巡视情况，红色代表异常

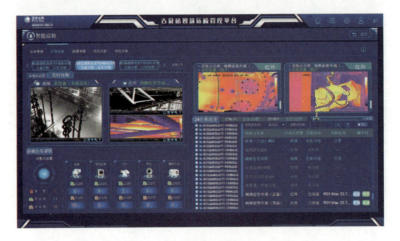

图 A8　提出换流变压器智能巡检页面改进后效果图

图 A9　换流变压器智能巡检巡视结果红外对比分析

通过组织厂家加快对换流变压器算法识别率提升（见图 A10），每日安排人员进行巡视结果核查，并将结果反馈，形成巡视结果记录，巡视结果记录见表 A1。

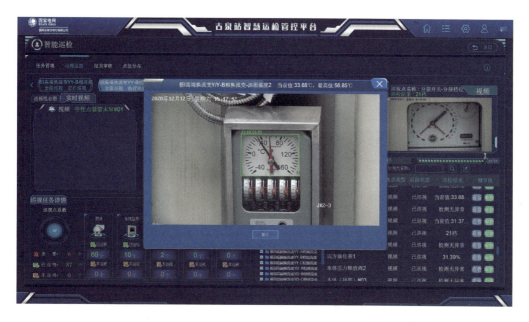

图 A10　加快推进提升算法识别率后

表 A1　　　　　　　　　　　　巡 视 结 果 记 录

名称	摄像机编号	巡检结果	人工审核结果	备注
极 1 高端换流变压器 YYA 相（JK1）	JK1-27	分接开关气体继电器 2 识别表盘模糊	无异常	新增
	JK1-2	分接开关外观识别表盘模糊	无异常	
	JK1-16	油流继电器 1 关	开	照片清晰可见
	JK1-2	分解开关滤油装置标牌识别为挂空悬浮物	确实有标牌悬挂	不知是否属异常
	JK1-13	SF_6 压力表 10.197MPa	表显读数 0.355	
	在线监测	远方油位表 158.56%	表显读数 47.7%	
		分接开关调压次数 4520 次	表显读数 4742 次	
极 1 高端换流变压器 YYB 相（JK2）	JK2-14	将本体吸湿器 1 小灯误识别为金属锈蚀	无异常	
	JK2-7	汇控柜识别表盘模糊	无异常	
	JK2-27	分接开关气体继电器 1 识别表盘模糊	无异常	
	JK2-2	分接开关调压次数识别位置错误，识别为分接档位 20 次	表显读数 3827 次	
		分接开关外观识别表盘模糊	无异常	
		本体预置位识别表盘模糊	无异常	
	JK2-15	将消防管误识别为挂空悬浮物	无异常	
	在线监测	分接开关调压次数 3260 次	表显读数 3827 次	
		远方油位表 163.56%	表显读数 38%	

续表

名称	摄像机编号	巡检结果	人工审核结果	备注
极1高端换流变压器YYC相（JK3）	JK3-3	阀侧绕组温度-999，-999		夜视模式
		网侧绕组温度28.90，-999		
		油面温度127.79，-999		
		油面温度227.31，-999		
		本体预置位识别表盘模糊	无异常	
	JK3-13	SF_6压力表10.197MPa	0.33/在线监测数值为0.32	
	JK3-2	分解开关外观识别表盘模糊	无异常	
	JK3-27	本体压力释放阀4螺栓识别金属锈蚀	螺钉有轻微锈迹	
	在线监测	远方油位表159%	表显读数44%	
		分接开关调压次数1776次	表显读数1567次	
极1高端换流变压器YDA相（JK4）	JK4-3	阀侧绕组温度最大值90.05℃	表显读数100℃	
	JK4-15	箱体有金属锈蚀	无法确认是锈蚀还是污渍	
	JK4-14	将本体吸湿器1小灯误识别为金属锈蚀	无异常	
	JK5-2	分接开关外观识别表盘模糊	无异常	
	在线监测	远方油位表155.63%	表显读数44%	
		分接开关调压次数4287次	表显读数4480次	
极2高端换流变压器YYA相（JK22）	JK22-2	分接开关调压次数显示20次	5158次	
	JK22-3	网侧绕组温度最高值显示为75.86℃	115.0℃	
	JK22-11	主变压器油池显示表盘模糊	无异常	
极2高端换流变压器YYB相（JK23）	JK23-2	分接开关调压次数显示20次	5452次	
	JK23-2	分接开关在线滤油装置显示表盘模糊	无异常	新增
	JK23-6	在线监测柜显示金属锈蚀	无异常	新增
	JK23-16	冷却器外观显示表盘模糊	无异常	
	JK23-14	远方油位表2显示33.92%	45.06%	
	JK23-23	网侧套管末屏显示表盘模糊	无异常	新增
极2高端换流变压器YYC相（JK24）	JK24-2	分接开关调压次数显示20次	1641次	
	JK24-11	主变压器油池显示表盘模糊	无异常	
	JK24-13	阀侧套管SF_6压力表1显示0.197MPa	0.33MPa	新增
	JK24-15	本体压力释放阀2显示金属锈蚀	无异常	新增
	JK24-16	冷却器外观显示表盘模糊	无异常	新增
	JK24-27	分接开关气体继电器1显示表盘模糊	无异常	
	JK24-27	分接开关气体继电器2显示表盘模糊	无异常	新增
极2高端换流变压器YDA相（JK19）	JK19-2	分接开关调压次数显示19次	4722次	
	JK19-3	阀侧绕组温度显示85.06℃，89.17℃	54.5℃，80.5℃	
	JK19-6	抓图失败	摄像机掉线	
	JK19-27	分接开关气体继电器2显示金属锈蚀	金属锈蚀	
	JK19-16	冷却器外观显示表盘模糊	无异常	

续表

名称	摄像机编号	巡检结果	人工审核结果	备注
极2高端 换流变压器 YDB相 (JK20)	JK20-2	分接开关调压次数显示 20 次	4892 次	
	JK20-13	阀侧套管 SF_6 压力表 2 显示 0.197MPa	0.35MPa	新增
极2高端 换流变压器 YDC相 (JK21)	JK21-2	分接开关调压次数显示 20 次	3534 次	
	JK21-2	本体正面显示表盘模糊	无异常	
	JK21-3	抓图失败	摄像机掉线	
	JK21-7	抓图失败	摄像机掉线	
	JK21-8	抓图失败	摄像机掉线	
	JK21-14	远方油位表 2 显示 37.24%	44.31%	
	JK21-27	分接开关气体继电器 1 显示表盘模糊	无异常	
	JK21-27	分接开关气体继电器 2 显示表盘模糊	无异常	
极2低端 换流变压器 YYA相 (JK18)	JK18-2	分接开关调压次数显示 9 次	4085 次	
	JK18-6	汇控柜 1 显示金属锈蚀	无异常	新增
	JK18-11	主变压器油池抓图失败	摄像机掉线	
	JK18-13	油位表 1 显示了两个值且都错误	43.22%	
	JK18-13	油位表 2 显示了两个值且都错误	51.02%	
	JK18-15	中性点套管外观正面显示挂空悬浮物	无异常	新增
	JK18-23	网侧套管末屏显示金属锈蚀	无异常	
极2低端 换流变压器 YYB相 (JK17)	JK17-1	网侧套管取样阀显示金属锈蚀	无异常	
	JK17-1	中性点套管引线及接头显示挂空悬浮物	无异常	新增
	JK17-2	分接开关调压次数显示 9 次	5485 次	
	JK17-3	阀侧绕组温度最大值显示 −8.2℃	79.95℃	新增
	JK17-5	分接开关吸湿器显示金属锈蚀	无异常	
	JK17-5	本体吸湿器 2 显示金属锈蚀	无异常	
	JK17-13	阀侧套管 SF_6 压力表 1 显示 0.147MPa	0.38MPa	新增
	JK17-13	阀侧套管 SF_6 压力表 2 显示 0.288MPa	0.38MPa	
	JK17-15	本体正面显示呼吸器硅胶变色	无异常	新增
	JK17-23	网侧套管末屏显示金属锈蚀	无异常	
极2低端 换流变压器 YYC相 (JK16)	JK16-2	分接开关调压次数显示 3 次	6328 次	
	JK16-2	分接开关外观显示表盘模糊	无异常	新增
	JK16-2	分接开关滤油装置显示表盘模糊	无异常	新增
	JK16-27	分接开关气体继电器 1 显示表盘模糊	无异常	新增
	JK16-27	分接开关气体继电器 2 显示金属锈蚀	无异常	新增

附录 B　智慧运检管控平台建设成效

（1）推进平台朝着能用、好用方面优化的需求。具体需求见图 B1～图 B13。

图 B1　提出视频监控按照区域进行排序需求，并提供排序规则

图 B2　提出不常功能添加使用说明需求，方便运维人员使用

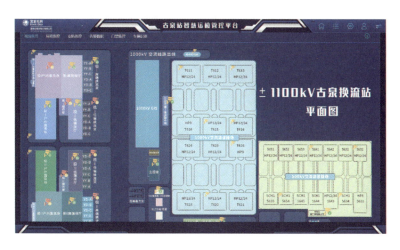

图 B3　提出摄像头按区域在图中进行编排需求，方便查找

图 B4　提出户内直流场区域摄像头在图中直观展示需求

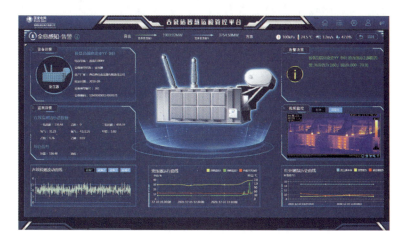

图 B5　提出通过设备告警信息，关联设备全息感知的开发

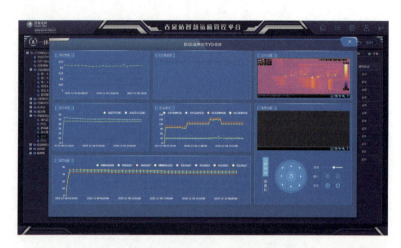

图 B6　提出设备告警后，数与数关联需求

(a)

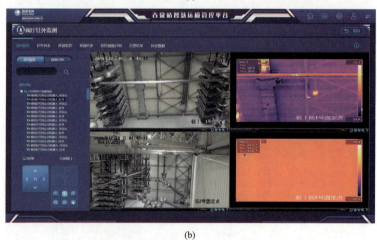

(b)

图 B7　提出阀厅红外界面优化需求

（a）阀厅红外界面不稳定问题；（b）阀厅红外界面优化后

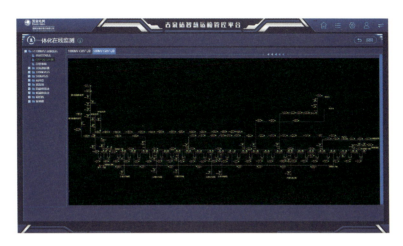

图 B8　提出按 500kV 气室分布图实时数据需求

图 B9　提出按 1000kV 气室分布图关联实时数据需求

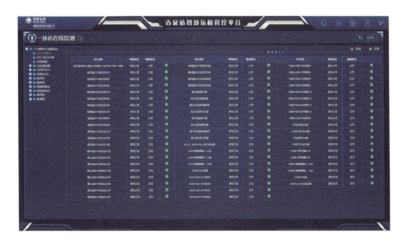

图 B10　提出全站 IED 状态监视需求

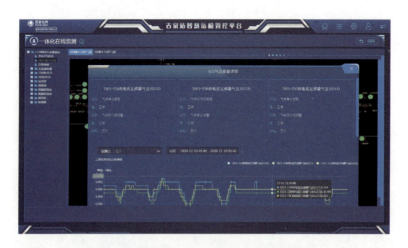

图 B11　提出气室三相数据关联曲线弹出需求

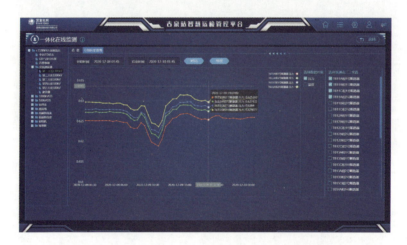

图 B12　提出可横向、纵向进行数据对比分析需求

图 B13　提出设备告警后，分析三相对比差异需求

（2）推进日常定期工作替代开发，推动班组用好平台，切实做到减轻重复性工作。具体需求见图 B14～图 B29。

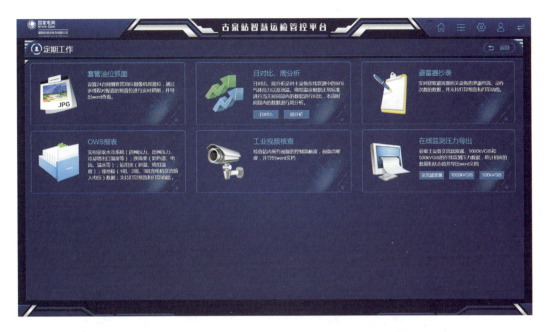

图 B14　提出定期工作开发，减轻运维人员表计抄录需求

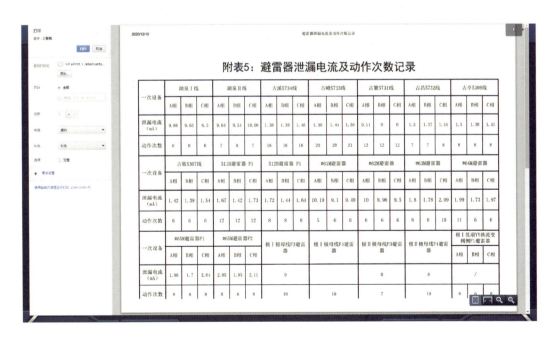

图 B15　提出避雷器泄漏电流抄录需求

OWS-4 小时（换流变）

设备名称	设备编号	油色谱 乙炔（μL/L）	电流		温度		率电量		压力	
			夹件接地电流（mA）	铁芯接地电流（mA）	油面温度1/油面温度2	阀侧绕组温度1/网侧绕组温度2	有载开关油位/式油温	本体压力/式油温	阀侧套管SF6压力1/阀侧套管SF6压力2	
极I基座	YD-A	0	31.25	40.63	29.75/30.88	31.5/32.25	49.44	50.88	0.33/0.33	
	YD-B	0	31.25	131.25	32.38/29.5	33.25/31	45.38	49.88	0.35/0.33	
	YD-C	0	34.38	59.38	33/30.38	34.5/28.5	43.06	60.06	0.34/0.34	
	YY-A	0	43.75	134.38	30.88/32.63	31.38/31.25	45.13	54.31	0.34/0.34	
	YY-B	0	46.88	121.88	31.88/34.13	31.38/31.88	62.38	60.81	0.33/0.33	
	YY-C	0	50	131.25	27.63/28.13	26.5/29.75	38.06	59.44	0.32/0.32	
极II基座	YD-A	0	553.13	181.25	37/33.75	35/49	46	65.31	0.33/0.34	
	YD-B	0	512.5	550	37.38/38	58.88/45.38	45.69	62.44	0.34/0.35	
	YD-C	0	571.88	178.13	37.13/39.38	53.25/50.13	44.75	59.88	0.34/0.34	
	YY-A	0	415.63	443.75	37/37	52.88/48	43.63	64	0.33/0.32	
	YY-B	0	443.75	396.88	39/103.63	53.63/50.63	45.63	78.63	0.33/0.33	
	YY-C	0	425	171.88	36.13/38.25	53.63/30.63	46.31	65.19	0.33/0.33	

设备名称	设备编号	油色谱 乙炔（μL/L）	电流		温度				率电量		压力	
			夹件接地电流（mA）	铁芯接地电流（mA）	顶层油温1/顶层油温2	底层油温1/底层油温2	油面温度1/油面温度2	阀侧绕组温度1/网侧绕组温度2	有载开关油位/式油温	本体压力/式油温	阀侧套管SF6压力1/阀侧套管SF6压力2	
极I低端	YD-A	0	1941.96	39.87	32.19/30.45	19.43/20.86	33.97/32.29	50.97/41.78	39.45	44.25	0.36/0.36	
	YD-B	0	1622.04	37.2	31.2/29.88	19.68/22.63	34.14/33.24	54.21/46.36	39.45	44.79	0.37/0.36	
	YD-C	0	1809.88	33.84	26.74/27.94	22.31/20.82	35.32/30.36		36.37	61.0	0.36/0.36	
	YY-A	0	1612.12	50.26	30.48/29.19	19.99/19.42	32.46/33.58	55.46/45.68	39.74	55.02	0.35/0.36	
	YY-B	0	1519.79	46.32	32.2/32.88	20.94/21.57	34.32/32.45	53.92/45.46	38.03	52.3	0.35/0.36	
	YY-C	0	1470.34	45.24	31.65/30.21	22.35/20.65	36.74/30.36	57.49/44.13	40.66	61.9	0.35/0.36	
极II低端	YD-A	0	1509.96	40.53	31.63/30.98	21.72/21.03	35.21/31.64	42.49/44.99	43.92	34.42	0.4/0.4	
	YD-B	0	1571.37	69.38	32.26/31.9	23.27/22.36	34.62/31.59	43.92/36.49	43.78	50.34	0.4/0.4	
	YD-C	0	1544.57	78.41	31.56/32.1	23.81/23.09	33.0/34.17	38.14/38.09	43.19	48.02	0.4/0.4	
	YY-A	0	1295.8	38.62	30.46/31.49	19.3/20.99	34.41/33.11	50.6/64.57	51.03	55.03	0.39/0.39	
	YY-B	0	1385.65	40.53	31.05/30.83	20.22/18.16	34.54/33.47	49.34/45.11	44.61	43.83	0.39/0.39	

图 B16   提出 OWS-4 小时报表抄录需求

图 B17   提出完善站内 1213 个工业视频的定期核查工作需求

图 B18   提出 SF₆ 压力抄录需求

图 B19   提出完善日对比、周分析台账功能需求

图 B20   提出日对比、周分析可视化分析优化需求

图 B21   提出自动分析显示异常信息需求

图 B22 提出异常数据分析对比需求

图 B23 提出系统一键检查数据未更新情况，及时推送异常信息需求

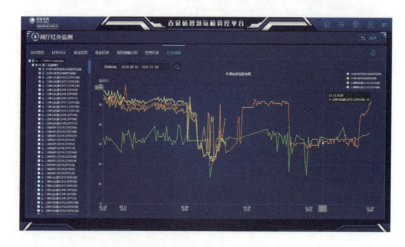

图 B24 提出阀厅红外界面优化，进行数据对比分析需求

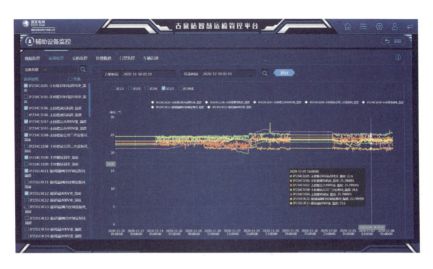

图 B25 提出辅助系统监控多维度分析小室环境温度需求

图 B26 提出辅助系统监控加强进站人员管理需求

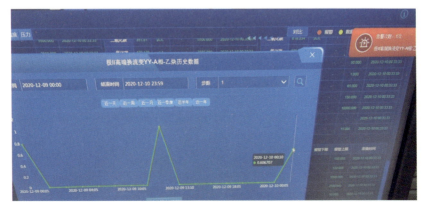

图 B27 提出换流变压器乙炔含量上升后，主动预警并弹出提示需求

图 B28　提出告警信息内容中关联当日数据需求

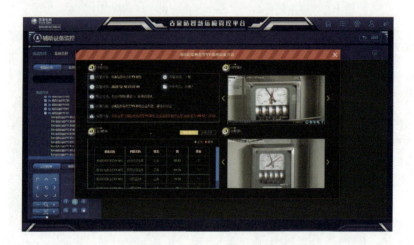

图 B29　提出设备发出告警后联动相关环境、数据信息需求

附录 C　全景管控驾驶舱建设成效

通过现场演练→方案优化→演练不断完善处置流程，让消防演练更加清晰、应急处置各环节更加可视化。未优化前见图 C1、图 C2。

图 C1　消防应急处置未优化前喷水状态

图 C2　消防应急处置未优化前灭火结束阶段

通过管理专责深度参与，加快推进实用性，优化消防应急演练流程。优化后具体流程见图 C3～图 C10。

图 C3　三维实景推演，提升演练效率

图 C4　消防应急程序化，提升消防应急处置能力

图 C5　三维场景同步现场实景，优化消防战法

图 C6　现场消防车、消防机器人明确站位

图 C7　优化三维场景中喷水效果

图 C8　优化模拟阀厅机器人灭火场景

图 C9　加快推进设备数据全接入

图 C10　加快推进站内视频传感装置全接入

附录 D　换流变压器虚拟巡检建设成效

换流变压器虚拟巡检建设成效见图 D1～图 D3。

图 D1　设计数字孪生驾驶舱

图 D2　明确虚拟巡检场景设备间隔

图 D3　可视化展示当前巡视数据

附录 E　数字化标杆窗口品牌建设情况

数字化标杆窗口品牌具体建设情况见图 E1～图 E8。

图 E1　古泉换流站作为疆电外送在安徽的重要落点

图 E2　核心设备换流变压器（单台价值超 1 亿元）

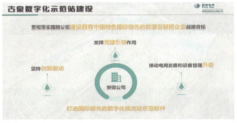

图 E3　国网首批数字化换流站试点建设

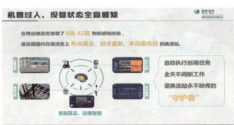

图 E4　每台换流变压器上加装 8 类 42 套物联感知终端

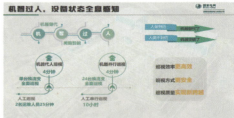

图 E5　换流站永不缺席的"守护者"，达到设备巡视机智过人

图 E6　全景管控驾驶舱展示，数据全显示

图 E7　异常信息能够与环境、运行和在线监测等多维数据关联

图 E8　打造国际领先的特高压数字化换流站

附录F　媒体宣传报道

F.1　国网安徽省电力有限公司网站

F.1.1　国网安徽电力：±1100千伏古泉换流站首检工作展开

国网安徽电力：±1100千伏古泉换流站首检工作展开

发布时间：2020-10-10　　　点击次数：410

9月29日，随着1号调相机由运行转检修，±1100kV古泉换流站投运以来首次年度检修工作正式展开。

此次年度检修通过集中检修、升级改造、新技术引进等手段，将为特高压大电网的安全稳定运行打下坚实基础，全面带动新疆风电、太阳能发电等清洁能源的联合外送，助力新疆脱贫攻坚、为华东地区的高质量发展提供强劲电力保障。

根据工作计划，本次年度检修直流部分历时13天，调相机检修部分历时60天，检修人员超过700人，大型机具超过40辆。本次检修，将对世界上最大换流变压器、最重户内平波电抗器、最高户内直流场、最复杂的网侧交流系统分层接入等多种先进设备开展全球"首次"检修，并有序完成29个直流设备检修作业面、38项调相机设备检修作业面，58项特殊检修、6项技术改造、26项隐患治理等任务。

为确保首次年度检修顺利开展，国网安徽电力指导相关部门、单位成立领导小组和现场指挥部，负责现场协调及安全、质量、进度等管控，下辖检修工作小组、运行工作小组、安全管控小组、宣传小组和后勤保障等5个小组，同时多次组织检修项目集中审查协调，开展检修与安全管控方案评审，科学、合理制定检修准备工作计划，将计划申请、方案编制、安全管控等10个模块细化到55个具体工作任务，明确各项工作的责任部门、负责人员以及完成时间节点，有序推动各项准备工作，确保年度检修现场安全管理及检修质量可控、能控、在控。

作为昌吉—古泉±1100kV特高压直流输电工程的受端换流站，一年来，古泉换流站已累计向华东地区输送电量314亿千瓦时。自古泉换流站接收、投运以来，国网安徽电力从零起步，以"接收好、运维好、当标杆"为目标，不断探索特高压直流管理新模式，确保了古泉换流站的安全稳定运行。目前，古泉换流站已建成中国首个"特高压＋5G"基站，实现5G全覆盖，站内可应用红外云台、高清视频、机器人等智能装备，开展机器代人作业，实现远程智能巡检。该站还建设智慧运检中心全景管控驾驶舱，建立全站三维实景"一张图"，助力推进国网首个数字换流站示范站建设。

F.1.2　国网安徽电力：陈安伟赴古泉换流站检查调研

10月22日，公司董事长、党委书记陈安伟赴±1100kV古泉换流站，观摩消防演习，检查现场作业，看望一线员工。公司副总经理吴迪参加调研。

在观摩消防演习后，陈安伟指出，本次演习组织有序、步骤清晰，站内运维人员、驻站消防员与专业消防力量在火情发展的各个阶段发挥各自作用，形成有效互补。他强调，要进一步提高消防实战演习水平，强化关键信息传输效率，不断总结经验、加强学习，把工作做得更细、更实，切实提升古泉换流站消防应急能力。

调研中，陈安伟一行先后前往古泉站极Ⅱ户内直流场、极Ⅱ低端阀厅、主控楼、智慧运检中心等现场，实地了解安全管控、检修进度等情况，听取古泉站智慧运检建设进展介绍。在调研座谈会上，陈安伟听取了检修公司负责人对年度检修、安全隐患管控、直流运检创新等工作汇报，对当前古泉站首检等各项工作给予肯定，强调要严格落实国家电网有限公司党组、公司党委要求，奋发有为守牢安全生产"生命线"，如期高质量完成年度检修工作。

陈安伟就下一步工作提出要求：一是要正确认识时间、安全、质量三者关系，以安全为基础和前提，以质量为根本，合理争取、安排检修作业时间；二是要以"吾日三省吾身"的紧迫感，紧抓特高压检修等经验知识积累，不断完善提升古泉站运维、检修、管理水平，抓住时间和机遇培养一批专家人才；三是要进一步提高大型工程作业管理水平，各参与单位要以此为契机，不断梳理流程、补足短板，及时总结提炼，为今后发展打牢基础；四是要强化新型技术提升应用，发挥好"年轻"优势、平台优势，确保新技术能用、好用、用好。

公司副总经济师兼办公室主任张有明、副总工程师兼送变电公司执行董事、党委书记彭德富，设备部、安监部、调控中心、检修公司主要负责人参加调研。

F.1.3　国网安徽电力：±1100千伏古泉换流站首次年度检修圆满收官

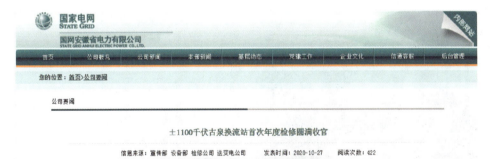

10月25日，随着±1100kV古泉换流站双极直流系统一次性成功解锁，标志着该站自投运以来首次综合检修顺利完成，以"零缺陷"一次顺利投运。

在10月12日至24日总计13天集中停电检修期间，古泉换流站全体运检人员始终坚持高标准，加班加点保质量、保进度。全站共执行操作任务180个、操作步骤7621项，办理工作票72张，全程管控作业现场52个，跨昼夜操作4次，站内运检人员分成多个运维组，并肩协作，高质量、高效率完成各个节点任务。

在运检人员努力下，完成对全站16大类、5000多台套设备同时开展系统检修与维护，累计开展例行检修6652项，技术改造6项、隐患治理13项、特殊性检修8项，消除缺陷338条。特别是以持续攻坚的精神，解决大修期间发现的15个影响设备安全稳定运行的重大缺陷，全力保障大电网安全稳定运行。同时，结合检修工作，持续推进数字化换流站建设，实现换流变压器智能装备全覆盖，极大地推行了"机器代人"作业。

此次检修，检验了公司上下在特高压直流运检管理方面的实力，是安徽交直流特高压混合电网综合检修能力的一次重大突破，对促进"疆电东送"、保障华东电力需求、服务长三角一体化发展和美好安徽建设具有重要意义。

下一步，公司将组织对本次年度检修进行全过程"复盘分析"、总结"古泉方案"，为后续年度大修以及超（特）高压大型检修管理提供样板，全力以赴完成剩下的调相机和500kV设备的年度检修工作。

F.1.4　检修公司：护航古泉站首检防疫准备工作

"安康码绿色，36.5摄氏度，请通行。进入作业现场一定要戴好口罩，做好个人防护措施。"9月16日，检修公司古泉换流站门岗对外委厂家进站进行扫安康码、测温工作，这是古泉换流站做好常态化防疫的一个缩影。

为做好年度首检现场防疫管控工作，古泉换流站认真贯彻落实政府、国网、省公司新冠肺炎疫情防控要求，提前谋划、周密部署，编制年度首检专项防疫管控方案和应急处置预案，在常态化防控基础上，做好打大仗、打硬仗的准备，做好因时因势动态调整和优化完善，高效保障年度首检现场工作开展，实现防疫和安全生产"双胜利"。

一队一案，严防严控。古泉换流站以一个施工小队为单位，制定"一队一方案"，建立施工队伍进场台账、健康台账，详细记录进场人员信息、身体状况等内容，按照"一人一卡"动态健康备案、动态管控，做好现场防疫安全管控工作。

错时出行，避免感染。针对首检现场设备多、工作量大、人员多等险重的情况，古泉换流站在时间上，采取分时进站的措施；在空间上，规划多条进入工作现场的路线，避免不同施工单位间接触，最大程度上降低交叉感染风险。

后勤不后，冲锋在前。古泉换流站积极对接公司第一时间采购口罩、温度计、酒精、喷壶等防护物资，保障物资供应，严把防护关；组织保洁人员对电梯间、走廊、主控室、办公室等开展全面消毒、通风工作，确保环境安全，严把卫生关。

应急处置，一抓到底。古泉换流站详细制定应急预案，要求各施工单位将每日现场防控情况以日报形式反馈，若出现新冠肺炎疫情，必须第一时间反馈工区、公司及政府相关部门，做到早发现、早报告、早隔离、早治疗，确保年度检修工作顺利进行。

此外，古泉换流站还组织参检人员开展开工前防疫教育和安全教育、制定设备区硬隔离措施、积极探索智能运检替代方案等，全力做好年度检修现场的防疫准备工作，筑牢防疫防控堡垒。

F.1.5 检修公司：备战古泉站首检工作

西风长空，疆电东至。作为±1100kV昌吉-古泉特高压直流工程的受端换流站、全世界唯一一座交流和直流电压等级均为世界最高的换流站——±1100kV古泉换流站，在今年9月底，将迎来投运后的首次年度大修。

为全面做好安徽首座特高压直流站的年度大修工作，公司早规划、早准备、早部署，围绕四"不发生"、三个"百分之百"、两个"提升"目标，积极备战首检，全力保障大电网的安全稳定运行。

运筹帷幄：备战首次大修经验化

2018年底古泉换流站正式属地化运维，公司从零扛起直流运维重任，认真贯彻落实"接收好、运维好、当标杆"的要求，高度重视换流站首次年度大修工作，多次赴兄弟单位调研换流站大修组织经验。

2019年3月27至30日，组织到上海奉贤换流站年度检修工作观摩学习。

2019年10月24至25日，组织到浙江绍兴换流站年度检修工作调研交流。

2020年5月26至27日，组织到江苏淮安换流站调相机大修工作调研学习。

公司通过组织古泉换流站检修、运维、安全人员30人·次到兄弟单位换流站进行年度检修工作观摩学习，调研交流，吸取兄弟单位在年度检修工作准备、组织流程、方案编制、安全管控、后勤保障等环节工作经验，为古泉换流站2020年大修工作做好准备。

结合现场实际，公司进一步完善古泉换流站2020年大修准备工作组织机构，成立以公司分管领导为组长的领导小组，下辖检修工作小组、运行工作小组、安全管控小组、宣传小组和后勤保障等5个小组。同时，制定检修准备工作计划，将计划申请、方案编制、安全管控等10个模块细化到55个具体工作任务，明确各项工作的责任部门、负责人员以及完成时间节点，有序推动各项准备工作。

精益求精：开展大修方案个性化

8月14日，公司组织开展古泉换流站2020年年度检修方案审查会，省公司安监部及项目合作单位和国网系统内特邀专家共32人参会，这是公司备战年度大修的一个缩影。

自今年3月以来，公司在做好防疫保电、复工复产工作的同时，充分借鉴早期换流

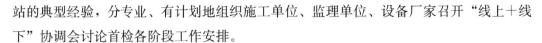

站的典型经验，分专业、有计划地组织施工单位、监理单位、设备厂家召开"线上＋线下"协调会讨论首检各阶段工作安排。

以全站29个检修作业面为基本点，深入开展符合站况的各作业面方案、作业卡、监管及验收作业指导书等文本编制工作，进一步规范检修流程、提高工作效率、夯实安全根基，以更高的标准规范好大修方案编制工作。

多措并举：实现安全管控精细化

9月14日，公司组织开展古泉换流站2020年调相机年度大修启动会，安徽电科院、安徽送变电、安徽监理公司、上海电气、南瑞继保等共35人参会。会上，对2020年度调相机检修工作方案进行宣贯，并对安全管控的各个重点环节进行再提醒，强调要牢固守住安全生产这一底线，夯实现场安全管控。

为确保古泉换流站年度大修各项工作顺利进行，公司组织编制安全监督工作方案，强化检修期间安全风险管控，通过抓安全、反违章，树典型、立标杆，营造全体参检人员"我要安全"文明生产新风，确保优质、高效完成年度检修任务。

同时，古泉换流站要求各专业对接设备厂家对大修工作的危险点反复梳理，结合往期安全学习文件等资料对工作中的安全隐患进行排查，达到学习警示作用；编制安全口袋书，让安全宣传展板落地现场，营造安全生产氛围；以班组为单位，按照设备区域及系统制定工作票监管监督机制，保障现场安全和工作效率。借助智慧运检中心、智能穿戴装备等数字化换流站建设成果，做好远程现场常态化防疫监督和安全管控，坚决守住安全这一生命线。

为细化现场规范化操作，公司组织对现场勘察、两票填用、到岗尽责等每一个环节编制具体实施规范，提高现场安全保障性；同时要求站内各班组定期对大修作业现场进行评价总结，借鉴经验不断改进，以点带面推动现场各项标准化作业规范实施，用更细的管理规范现场作业行为。

以人为本：做到大修培训人才化

7月15日，古泉换流站2020年运检能力提升班在黄山路培训中心开班，为期5个月的特高压换流站运检能力提升专项培训工作由此拉开序幕。

此次培训是近年省公司组织的最高规则培训班之一。以"现场干什么我们培训什么"的原则，开展站内70余名直流运检人员以集中培训、站内培训、驻厂培训等多形式的"人人必过关"专项技能提升考核。培训以来，已累计授课166课时，其中站外授课31次，站内授课17次，网络大学课程集中学习6次，阶段性考试6次，阶段性实操考核2次。

结合年度大修工作内容，还编制了大修期间培训方案，做到大修期间边干边学，锻炼运检队伍。此外，以站内技术骨干带头全面梳理检修业务、安全责任清单，组织青年员工全面负责方案编制、细节讨论和过程实施，做好经验、技术的内部传承与创新，以更严的要求带动年轻力量扎实成长。

慎终如始：抓好新冠肺炎疫情防控常态化

"安康码绿色，36.5 摄氏度，请通行。进入作业现场一定要戴好口罩，做好个人防护措施。"9 月 16 日，公司古泉换流站门岗对外委厂家进站进行扫安康码、测温工作。

此次古泉换流站年度大修工作参与人员初步估计超过 700 人，大型机具超过 40 辆。为做好现场防疫管控工作，公司认真贯彻落实政府、网省公司新冠肺炎疫情防控要求，配备足够防疫物资，以一个施工小队为单位，制定"一队一方案"，建立施工队伍进场台账、健康台账，详细记录进场人员信息、14 天行程经历、身体状况等内容，按照"一人一卡"动态健康备案、动态管控，做好现场防疫管控工作。针对首检现场设备多、工作量大、人员多等险重的情况，古泉换流站在时间上，采取分时进站的措施；在空间上，规划多条进入工作现场的路线，避免不同施工单位间接触，最大程度上降低交叉感染风险。

在常态化防控基础上，公司组织编制了年度大修专项防疫管控方案和应急处置预案，做好打大仗、打硬仗的准备，做好因时因势动态调整和优化完善，高效保障年度首检现场工作开展，做到防疫和安全生产"双胜利"。

F.1.6 检修公司：完成古泉站 1 号调相机抽转子作业

10月9日下午3时，检修公司±1100kV古泉换流站1号调相机检修最关键工序——抽转子作业顺利完成。

从9月29日1号调相机停电开始，古泉换流站一直处于高度紧张的战时状态。期间，检修公司、安徽监理、安徽电科院、安徽送变电、上海电机厂、南瑞继保等单位200多人坚守在古泉现场，戮力同心，共同奋战在调相机首次年度检修战场上，发扬"不向困难退半步，只向胜利添精彩"的战斗精神，全力以赴用实际行动站好自己岗位。各级领导多次到古泉现场督察指导工作，慰问现场人员。

抽转子属于调相机A类检修中最为关键的一个环节，也是四级风险的生产作业，存在高处坠落、设备损伤等风险。面对这个"硬仗"，古泉换流站精心谋划，除夯实三措一案、监管指导书、安全交底卡等作业文本的编审批外，还组织施工单位、设备厂家制定了专项方案，细化抽转子每一道工序、每一个风险点，确保过程安全、顺利、可靠。另外古泉站进一步开拓思路，创新工作方法，针对调相机主机A类检修复杂的全过程制作了动画，对关键环节和危险点用视频直观、生动地予以介绍，作为技术交底的环节，提前一天进行预交底，开工当天再次温习。经过50道准确无误的工序之后，1号调相机的转子终于顺利抽出。

转子抽出后，要开展定铁芯紧度检查及补偿，转子轴颈、护环、叶片探伤等16项检查、定子铁芯ELCID、转子匝间短路RSO测量等12项电气试验，是对调相机本体的全面"体检"，而此类体检5～8年才开展一次，也是难得一做的检修项目。

接下来，检修公司古泉换流站将再接再厉，在取得阶段性成果的基础上，组织各参检单位严格执行工作方案和标准化作业指导书，全面落实公司安全管控要求，以重要设备检修、重点反措落实、重大隐患治理为重点，做到"应修必修、修必修好"，打好年度首检攻坚战。

F.2 报 纸 期 刊

在中国电力报第7739期刊登：大国重器用心守护——±1100kV古泉换流站安全运行一周年侧记。在安徽工人日报第7445期刊登：青春耀电网建功特高压——±1100千伏古泉换流站安全运行一周年侧记。具体如图F1～图F3所示。

图 F1 亮报：365 天用心守护

图 F2 安徽工人日报：世界最高交直流电压等级换流站首次"体检"

图 F3　安徽工人日报：±1100kV古泉换流站圆满完成首次"体检"

F.3 新 闻 网 站

新闻网站报道如图 F4、F5 所示。

世界电压等级最高换流站开始"首次体检"

您当前的位置：中安在线 >> 国内企业动态 时间：2020-09-30 11:13 ☆ 收藏 ⎙ 打印

"现在开始对1号调相机停役操作前的安全交底，操作时使用统一的、确切的调度术语和操作术语，联系过程中应互通姓名、履行复诵制度，使用普通话并录音。"古泉换流站操作监护人田杰在主控室对倒闸操作人员开展安全交底。

9月29日11时16分，±1100千伏古泉换流站运维人员经过近五个小时的密切配合和紧张操作，顺利完成1号调相机转为检修工作，这标志着位于宣城的±1100千伏古泉换流站停电检修由此拉开序幕，也标志"新疆昌吉–安徽古泉±1100千伏特高压直流输电工程（以下简称"吉泉直流"）"受端换流站开始实施投运后的首次年度大修。

吉泉直流起于新疆昌吉换流站，止于安徽古泉换流站，于2019年9月26日正式投入运行。±1100kV古泉换流站是"疆电外送"的第二条特高压输电工程，是贯彻中央新疆工作座谈会精神，落实"一带一路"建设的重要举措，为华东提供电力保障，具有显著的经济、社会、环境效益。该站的建设和运行创下四项世界之最，是世界上电压等级最高、输送容量最大、输送距离最远、技术水平最高的换流站。

一年来，吉泉直流累计为华东输送电力超300亿千瓦时，对促进西北地区清洁能源外送，满足华东电力需求，推动大气污染防治工作和地区经济发展均具有重要意义，是我国特高压建设的里程碑。

本次年度检修直流部分计划历时13天，调相机检修部分计划历时60天，将会有来自17家参检单位的700余名技术人员，将对全站一次、二次、辅助设备、调相机等属于系统检修，并有序完成67个作业面子方案，951检修标准作业卡、852个试验标准作业控制卡、150个验收作业卡等，届时将全面提升全站设备的"健康"水平，为迎峰度冬打下坚实的基础，保障华东电网的安全稳定运行。

为确保首次年度检修顺利开展，国网安徽省电力有限公司检修分公司于今年3月重构抢吃紧的时候就启动年度检修工作，将封闭困难转化为学习提升的优势，多次与厂家开展线上推进会，前往其他换流站开展现场调研学习，组织检修项目集中审查协调，开展检修与安全管控方案评审，强化停电计划管控，组织检修物资进场及安全交底，确保年度检修现场安全管理及检修质量可控、能控、在控。(翁亮杰、吴士云)

图 F4 中安在线：世界电压等级最高换流站开始"首次体检"

双节坚守不打烊，大修现场干精彩

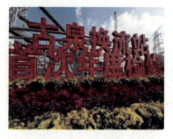

2020年的国庆之际，国与家撞了个满怀，当人们沉浸在8天长假的喜悦中时，安徽电力有限公司检修分公司古泉换流站运检人员奋战在首次年度检修战场上。他们枕戈待旦，戮力同心，拼搏的身影分布在约40个足球场大小的设备区，全力以赴地完成各检修工作和双节保供电。

"师傅，这个跳闸回路怎么和我从书上看到的不一样？""刚入职一年的任大东在检修现场疑惑的向签订"师徒协议"的班长问道，"书上看到的是经典的跳闸回路，用传统的继电器来解释，目前都是微机式保护，功能集成，实施起来也更方便、可靠。"从学生的角色转换为一名检修人员，之前还一直停留在师傅讲解的理论层面，现在借助大修的现场学习加快专业技能成长。一项工作结束后，运检人员没有停止前进的步伐，脚步的印记分布在约40个足球场大小的设备区，把学习和工作的热情投入到现场各项工作中去。

截至10月2日，1号调相机组停运后，润滑油系统、定子内冷水系统、转子内冷水系统等根据停机规律相继停运，为保证机组各系统检修等工作安全进行，内冷水系统放水、氮气稳压系统气体置换工作及油水系统表计拆解送检工作也有序展开，该工作过程需要检修人员与运行人员相互配合才能高质量完成。另外，公司要求施工人员提前入站，办理相关手续，认真进行三级安全教育，完成安全规程考试，开启检修现场的布置工作。目前，调相机厂房、升压变区域等主要检修区域已布置完毕，相关检修工作陆续展开，1号调相机主机拆解及电气试验工作已开工。古泉换流站运行人员认真对检修工作票审核与把关，根据机组停运后系统与设备的冷却规律快速完成主机、盘车、集电环装置、在线监测装置、中性点接地柜等检修的安全措施布置工作，确保检修工作规范、安全展开……重要又繁忙的工作让每一个值班人员的神经高度紧张，漫长的假期也将会在匆忙的工作中转瞬即逝。在检修现场，各种专用工器具排列整齐，各类备品备件、消耗性材料摆放的井然有序，安排专项人员对其进行细致检查、维护与补充。

"节假日坚守岗位，是我们应该做的。投运后的第一个大修工作才刚刚开始，一定要起个好头，给古泉增添光彩！"古泉换流站运检人员精神抖擞地说。作为一名换流站员工，节假日在岗是我们的职责与使命所在，而在双节保电与首次大修期间这份责任与使命更加厚重。此外，检修公司为保障各现场安全生产工作，安排工区管理人员轮岗做好假期的到岗到位监督。

同期，古泉换流站还要做好保电方案执行，统筹协调，明确分工，紧锣密鼓地做好双节供电的各项工作。一是利用智慧运检平台和人员巡视相结合的方式全面铺开换流站设备缺陷大排查，对巡查出的薄弱环节迅速采取措施进行整改提升，及时消除不安全因素；二是加强对重点设备的监视和维护，持续开展隐患排查、红外测温和防污、防潮工作，重点加强对充油设备油位、避雷器泄露电流、SF6设备气体压力的巡视检查，严防设备故障；三是优化应急预案，开展事故预想和应急演练，增强各岗位人员在事故处理中的协调能力和应急处理能力；四是落实24小时值班制度，成立应急抢修小分队，保证在发生突发事件时迅速就位保障供电可靠，做到"双节'供电'不打烊"。

"国庆我在岗，我们时刻准备着！"平均年龄只有28岁的古泉换流站直流团队，舍小家为大家，他们面对紧张的工作和严格的检修任务，均表示将以"更高的标准、更严的要求、更细的管理、更实的措施、更新的技术"，高质量完成双节保供电和首次年度检修的任务，以实际行动诠释着"青春耀电网，建功特高压"的战斗精神。（古泉换流站 翁良杰、吴士云）

图 F5　凤凰网：双节坚守不打烊，大修现场干精彩

F.4　微　　博

微博相关截图如图 F6 所示。

 中国电力报
10-27 15:30 来自 微博 weibo.com

【凝聚力量，攻克时坚！±1100千伏古泉换流站主设备集中综合检修圆满完成】10月25日，上午10时48分，±1100千伏古泉换流站双极直流系统一次性成功解锁，标志着世界最高电压等级换流站投运以来首次综合检修顺利完成，以"零缺陷"一次顺利投运，检验了古泉换流站在特高压直流运检管理方面的实力，是安徽交直流特高压混合电网综合检修能力的一次重大突破，对促进"疆电东送"、保障华东电力需求、服务长三角一体化发展和美好安徽建设具有重要意义，也是我国驾驭特高压大电网能力的重要里程碑。

图 F6　中国电力报微博：凝聚力量，攻克时艰！

附录 G "媒体走进特高压"宣传方案

国网安徽检修公司±1100kV 古泉换流站
2020 年度检修宣传策划方案

一、时间

2020 年 10 月 11 日至 2020 年 10 月 25 日

二、地点

安徽省宣城市宣州区古泉镇古泉换流站

三、背景

西风长空，疆电东至。昌吉—古泉±1100kV 直流工程，这条世界上电压等级最高、输电容量最大、输送距离最远、技术水平最先进的"电力高速公路"，承担了西电东送、清洁能源消纳的重要使命。

风声打破了新疆四野静寂，也点亮了华东万家灯火。±1100kV 古泉换流站是该工程的受端换流站，是全世界唯一一座交流和直流电压等级均为世界最高的换流站，作为向长三角区域一体化发展提供坚强电力保障的大国重器，技术水平领先国际，彰显电网发展新高度。2019 年 9 月 26 日正式投入商业运行，已累计输送电量超 200 亿千瓦时，有效缓解华东地区用电需求，大力助推西北地区新能源的消纳。

此次年度检修工作是投运来的首次年度大修，可完成对"制约"站内安全生产的隐患、缺陷等问题进行整改和消缺。

四、检修内容

此次年度检修工作参检人员超过 700 人、大型机具超过 40 辆、涉及达 38 个检修作业面等，将完成世界上最大换流变压器、最重户内平波电抗器、最高户内直流场、最复杂的网侧交流系统分层接入等多个全球"首次"最先进设备的维护检修工作。现场检修作业图如图 G1 所示。

根据直流五通规定、国家电网隐患、反措排查工作指示精神，±1100kV 古泉换流站年度检修现场以"四个'不发生'、三个'百分之百'、两个'提升'"为总体目标，以"早、全、严、细、实"为工作原则，全面梳理站内设备缺陷、隐患和反措项目等检修工作内容，并全部纳入此次首检工作，做到"应修必修，修必修好"。年度检修主要工作内容如图 G2 所示。

五、意义

通过集中检修、升级改造、新技术引进等手段，为特高压大电网的安全稳定运行打下坚实基础,助力新疆脱贫攻坚、全面带动新疆风电、太阳能发电等清洁能源的联合外送,为华东地区的高质量发展提供强劲的电力保障。

图 G1 现场检修作业图

六、传播方式

(1)中央省级主流媒体全面参与。央视、人民日报、新华社、安徽卫视、安徽日报等中央省级主流媒体现场采访报道。

(2)商业媒体和公司新媒体平台提前宣传预热,提高关注度。

例行检修项目86项	隐患治理项目14项
特殊检修项目56项	软件修改项目4项
技改项目6项	重点检查项目8项
主要消缺104项	反措、精益化整改项目0项

图 G2 年度检修主要工作内容

(3)充分发挥人民日报、新华社海外媒体作用,进一步提升传播力、影响力。

七、参与媒体

(1)主流媒体:人民日报安徽分社、央视驻皖记者站、新华社安徽分社、新华网、人民网、安徽卫视、安徽日报等。

(2)行业媒体:国家电网报、中国电力报、电网头条等。

(3)公司媒体:公司网站、官方微信服务号、微信订阅号(皖电动态)、微博、抖音。

八、古泉换流站工程背景介绍

昌吉—古泉±1100kV 特高压直流输电线路起自新疆准东(昌吉)换流站,止于安徽皖南(古泉)换流站,途经新疆、甘肃、宁夏、陕西、河南、安徽六省区,线路路径总长度 3284km,输送容量 1200 万 kW。该线路是目前世界上电压等级最高、输送容量最大、输送距离最远、技术水平最先进的特高压输电线路,是国网公司在特高压输电领域持续创新的重要里程碑,刷新了世界电网技术的新高度,开启了特高压输电技术发展的新纪元。古泉换流站鸟瞰图如图 G3 所示。

图 G3　古泉换流站鸟瞰图

±1100kV 古泉换流站位于安徽省宣城市古泉镇西南 8km 处，是全世界唯一一座交流和直流电压等级均为世界最高的换流站，是支撑国家经济发展的"强劲引擎"，也是实现国网战略目标的"重要基石"，更是名副其实的"大国重器"。在世界上首次实现了交流特高压 1000kV 与直流特高压±1100kV 之间的"手拉手"连接，总投资 88 亿元。

昌吉至古泉工程是实施"疆电外送"的第二条特高压输电工程，工程建成后该工程作为国家实现西部煤电基地电能直供中东部地区负荷中心重要电力通道，充分体现了特高压电网建设是践行国家绿色发展理念、造福于民的重要特征，推动新疆煤电基地建设，促进地区经济发展，同时保障华东地区能源安全，缓解华东地区能源供需矛盾、满足地方经济的发展需要具有重要意义。

九、其他相关介绍

（1）特高压电网建设是落实习近平总书记所倡议的"全球能源互联网"发展战略的重要一环，也是国家"西电东送""一带一路"战略的有力支撑。±1100kV 古泉换流的"电从远方来，来得是清洁电"，借助天山的风，为华东地区送来绿色清洁能源，最好地诠释了绿水青山就是金山银山。对于促进新疆能源基地开发、保障华东地区电力可靠供应、拉动经济增长、实现新疆跨越式发展和长治久安、落实大气污染防治行动计划等具有十分重要的意义，是当之无愧的"大国重器"。

（2）±1100kV 古泉换流站能把西部的富余电力送出去，解华东地区用电的燃眉之急，具备年送电 600～850 亿 kWh 的能力，是缓解华东电力供需紧张的最优解，每年可减少燃煤运输 3024 万 t，减排烟尘 2.4 万 t、二氧化硫 14.9 万 t、氮氧化物 15.7 万 t，全面推动新疆能源基地的火电、风电、太阳能发电打捆外送，对大气污染防治、拉动新疆经济增长等具有十分重要的作用。充分体现了特高压电网建设是践行国家绿色发展理念、造福于民的重要特征，对推动建设"具有中国特色国际领先的能源互联网企业"战略实施具有重要示范引领作用。

（3）±1100kV古泉换流站是国内第一个加装5G基站的特高压，该站建成后有17大类、146台套世界首台首套设备，涌现出一大批代表世界电网建设最高水平的创新成果、专利和工法，以实际行动实现了电网工程建设的"中国创造"和"中国引领"。

（4）当前站内贯彻落实国网公司"数字新基建"部署，积极开展物联网、人工智能、大数据与古泉换流站业务深度融合，推进设备状态全景感知、巡检作业机器替代、风险主动预警、业务管控在线高效，打造国网首个数字换流站示范站。

附录 H　古泉换流站公众号宣传专题

古泉换流站公众号宣传见图 H1～图 H17。

图 H1　古泉换流站首次年度检修拉开序幕

【安徽省检·古泉首检⑤】 刚刚，1号调相机关键工序顺利完成了！

国网安徽检修公司 10月10日

2020年10月9日下午3时，国网安徽检修公司±1100千伏古泉换流站**1号调相机检修最关键工序——抽转子作业顺利完成！**

从9月29日1号调相机停电开始，一直处于高度紧张的战时状态。期间，安徽省检、安徽监理、安徽电科院、安徽送变电、上海电机厂、南瑞继保等单位200多人坚守在古泉现场，戮力同心，共同奋战在调相机首次年度检修战场上，发扬"不向困难退半步，只向胜利添精彩"的战斗精神，全力以赴用实际行动站好自己岗位。各级领导多次到古泉现场督察指导工作，慰问现场人员。

接下来，检修公司古泉换流站将高度重视，统一调配，组织各参检单位严格执行工作方案和标准化作业指导书，全面落实公司安全管控要求，以重要设备检修、重点反措落实、重大隐患治理为重点，做到"应修必修、修必修好"，打好年度首检攻坚战！

国网安徽检修公司

供 稿：古泉换流站
编 辑：吴士云 王安东
校 对：吴士云
审 核：杨 栋

图 H2 安徽省检·古泉首检⑤

【安徽省检·古泉首检⑥】刚刚，我们召开直流设备首检技术、安全交底会议

国网安徽检修公司 10月10日

2020年10月10日9时30分，检修公司组织开展古泉换流站直流设备首检技术、安全交底会议，省公司设备部、公司运检部、公司安监部、国网直流建设公司、安徽送变电、安徽监理等单位近70人参会。会上，对直流设备大修关键作业工作计划进行宣贯，并对一次、二次安全隔离措施、技术措施进行交底，接着开展开工前安全知识教育培训，对现场安全管控的各个重点环节进行再提醒，强调守牢安全生产生命线，夯实现场安全管控。

为确保首次年度检修顺利开展，古泉换流站年初开始着手编制检修方案，开展

换流站年初开始着手编制检修方案，开展专项调研，组建业主项目部，组织运检人员技能培训，提前编写操作票和审核工作票，编制安全隔离措施，统筹组织年度检修工作，定期召集监理、施工及20余家设备厂家商讨准备工作，确保各环节井然有序。

2020年度检修会议览表

03月21日 古泉换流站年度大修方案评审会。

05月14日-15日 ±1100kV古泉换流站年度检修准备工作及年检方案初审工作会。

06月24日 古泉换流站调相机大修协调会。

07月30日 换流站年度检修交流会。

08月10日 ±1100kV古泉换流站调相机年度检修方案协调会。

07月30日 古泉换流站2020年度检修方案审查会议。

08月24日 古泉换流站厂家大修讨论会。

09月02日 古泉换流站基建遗留问题年检消缺工作梳理会。

09月12日 古泉换流站1号调相机大修启动会议。

09月22日 古泉换流站调相机2020年检修方案评审会。

09月24日 古泉换流站1号调相机大修技术、安全交底会议。

还有"N"次小会议 我们就不一一罗列了

古泉青年初心不变、使命在肩，定会全力以赴打好这场攻坚战！

国网安徽检修公司

供稿：古泉换流站
编辑：吴士云 王安东
校对：吴士云
审核：杨栋

图 H3　安徽省检·古泉首检⑥

【安徽省检·古泉首检⑦】：调相机检修安全管控是这样干的

国网安徽检修公司　10月11日

面对投运以来调相机首次年度检修"大考"，±1100千伏古泉换流站牢固树立安全"四个最"意识，以"更高的标准、更严的要求、更细的管理、更实的措施、更新的技术"对现场安全管控再加码，坚守安全"红线"和"底线"，积极发挥党组织战斗堡垒和党员先锋模范作用，全面打好安全生产攻坚战。

更高的标准

更高的标准

每天开工前召开早例会和结工后召开检修例会，掌握工作进度，及时协调、解决发现的问题，还针对大量上传到后台的检修试验信号，增多值班力量加强监视，以"一条条的看，一个个的过"为原则，杜绝漏信号、错信号，并且组织党员担任"安全稽查员"，让党员在检修工作、两票审核、到岗到位等各环节高扬旗帜、奋勇当先，用更高的标准，提高全员履职能力。

更严的要求

提前编写操作票，现场开展预演审核，安排多组操作力量进行操作，确保操作正确、流畅；提前完成工作票审核，要求逐遍现场逐一核准，牢牢把好现场施工的最后一道安全防线；安排设备主人全程跟踪，做到施工人员有序入场、检修过程协调配合、高质量验收把关工作，用更严的要求，确保各环节井然有序。

更实的措施

年初开始编制检修方案，多次赴兄弟单位调研换流站大修经验，开展运检人员专业技能培训，组建业主项目部统筹编组织年度检修工作，分专业、有计划地组织施工单位、监理单位、设备厂家召开"线上＋线下"协调会讨论首检各阶段工作安排，用更实的措施，精心组织20余家参检单位、200余名调相机检修人员全力开展本次大型年度检修工作。

更细的管理

召开4次审核会编审优化硬隔离措施方案，确保一次、二次、辅助系统各环节隔离到位，措施可靠，醒目直观，并做到每天一张图，根据设备状态及时变更调整，合理设置通道，便于检修和运行工作开展。还实行专项工作专人负责模式，确保每一项工作、每一个作业面都有人员全程把控安全、质量和进度，用更细的管理，确保按期高质量完成调相机首次检修工作。

更新的技术

采用数字化手段开展2020年调相机A类检修作业模拟，对检修过程关键工序进行全仿真建模，通过数字化手段开展工作交底，更加清晰、直观、形象，还为作业车辆配备北斗定位装置，通过5G和数字孪生技术将现场车辆信息实时映射至智慧运检中心全景管控驾驶舱，实现作业风险精准防控，并且配置"红外人脸识别一体机"，针对年度检修现场超900人的检修队伍做好防疫管控，用更新的技术，做到防疫和安全生产"双胜利"。

面对接下来的直流设备设备年度检修工作，古泉换流站全体员工将坚定信心、凝心聚力，全面提升设备健康水平，为书写皖电新篇章贡献古泉力量！

国网安徽检修公司

供　稿：古泉换流站
编　辑：翁良杰 吴士云
校　对：王安东
审　核：杨栋

图H4　安徽省检·古泉首检⑦

【安徽省检·古泉首检⑨】刚刚首检停电操作结束了

国网安徽检修公司　10月12日

10月12日上午10时

经过40多名运维人员通宵奋战，首检操作安全高效完成，为紧凑的检修工期留出宝贵的时间，这也标志着±1100千伏古泉换流站2020年度首检工作正式拉开序幕。

为确保此次操作有序开展，提前编写操作票、审核工作票、编制硬隔离措施，安排两个运维值全都到岗到位，制定首检期间整体工作任务表，明确到个人责任分工，还召开运维专业首检动员会，激励大家鼓足干劲、奋勇向前的工作热情，为首检的全面启动打下坚实基础。

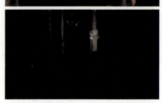

图 H5　安徽省检·古泉首检⑨

【安徽省检·古泉首检⑩】刚刚这里举行了首检开工仪式

国网安徽检修公司　10月12日

10月12日上午10时30分

蔚蓝天空下，党旗飘扬，在±1100千伏古泉换流站综合楼广场由古泉首检业主项目部组织召开年度首检集中安全技术交底会暨开工仪式，来自安徽省检、安徽监理、安徽送变电、南瑞继远、河南晶锐、武汉东润、北京ABB、西电集团等30家参检单位整装待发、精神饱满，阀厅车、吊车、曲臂车、蜘蛛车等各种装备整齐排列，古泉现场一片紧张繁忙的工作景象。

在开工仪式现场，首检指挥部总指挥、安徽检修公司副总经理、党委委员汤伟向古泉站向"党员突击队"、"青年突击队"授旗，让党员、团员在检修现场高扬旗帜、奋勇当先，让党旗、团旗在检修现场高高飘扬；借助此次年度检修机会开展集中检修劳动竞赛，给各参检厂家营造专心干检修的良好氛围。会上，业主项目部对全体参检单位进行安全技术交底，施工项目部、监理项目部分别代表表态发言，首检总指挥宣布首检正式开工。

★

国网安徽检修公司

供　稿：古泉换流站
编　辑：翁良杰　吴士云
校　对：王安东
审　核：杨　栋

图 H6　安徽省检·古泉首检⑩

【安徽省检·古泉首检⑭】刚刚，2号
调相机停电操作完成

国网安徽检修公司　10月14日

10月14日12点10分

　　古泉换流站运维人员经过连续2小时操作，顺利完成2号调相机的停电操作，届时古泉换流站2台300Mvar调相机均处于停电检修状态。

　　此次调相机首次年度检修将完成调相机本体、油水系统、励磁、SFC等多个专业检修工作，计划工期为60天，每台机组的检修时间为45天，面对交叉的30天检修任务重，古泉换流站提前筹备、周密部署、分工明确，各级人员严格落实到岗到位，以"更高的标准、更严的要求、更细的管理、更实的措施、更新的技术"做好现场安全管控工作，确保检修、消缺及试验项目顺利完成。当前已顺利完成1号调相机首检重头戏——抽转子工作，为接下来2号调相机的检修工作打下坚实的基础。

图 H7　安徽省检·古泉首检⑭

【安徽省检·古泉首检⑮】首检我们
是这样干

国网安徽检修公司　10月14日

一起看看世界之最首检现场

国网安徽检修公司

供　稿：古泉换流站
编　辑：翁良杰　宋麒慧
校　对：王安东
审　核：杨　栋

图 H8　安徽省检·古泉首检⑮

【安徽省检·古泉首检⑯】古泉首检的夜晚

国网安徽检修公司 10月15日

古泉首检的夜晚

在世界上交、直流电压等级均为最高的±1100千伏古泉换流站年度检修现场，一支平均年龄只有28岁的古泉青年队伍，胸怀责任、主动担当，用坚守岗位并肩走在年度检修现场。白天现场奔波忙碌的身影遍布约四十个足球场大小的设备场区，晚上依旧不停歇，用实沉实干为古泉首检干出精彩！

下面让我们看看古泉青年的夜晚十二小时

18:00 现场检修工作全面收工

19:00 现场排查

22:00 讨论第二天工作

23:00 制定第二天进场计划

20:00 写日报

21:00 开会对今日工作及时提炼总结

第二天00:00--5:00 大夜班开始

6:00 操作前现场集合召开准备会

7:00 新一天工作从检修人员有序进场开始

图 H9 安徽省检·古泉首检⑯

图 H10　安徽省检·古泉首检⑱

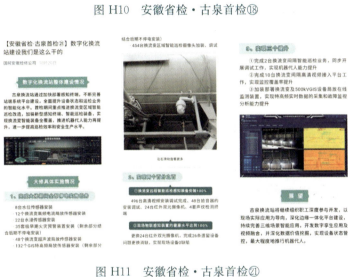

图 H11　安徽省检·古泉首检㉑

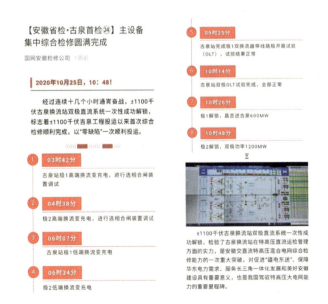

图 H12　安徽省检·古泉首检㉔

图 H13　安徽省检·古泉首检㉕

【安徽省检·古泉首检㉖】剪影合集，请查收

国网安徽检修公司　1周前

一份来自"古泉换流站首次年度集中检修"的剪影合集，请查收~

大国重器　用心守护

图 H14　安徽省检·古泉首检㉖

【安徽省检·古泉首检㉗】首检结束了？官方回应来了

国网安徽检修公司　前天

"古泉首检"全称是古泉换流站首次年度检修，分为主设备集中综合年度检修和调相机年度检修。

10月25日，经过连续十几个小时通宵奋战，±1100千伏古泉换流站双极直流系统一次性成功解锁，标志着±1100千伏吉泉工程投运以来首次综合检修顺利完成，以"零缺陷"一次顺利投运。

至此

你以为综合检修结束了？

我们一直在对现场各项支撑工作进行"复盘分析"，并且总结"古泉方案"，为超（特）高压年度检修提供安徽样板。偷偷来个剧透。检修专业总报告全都是干货，图文并茂，有三十多页呢~

当前

调相机年度检修激战正酣

从9月29日1号调相机停电开始，古泉换流站运检人员一直处于高度紧张的战时状态。此次调相机年度检修，将对古泉站1号、2号调相机分别开展投运来的首次年度检修工作，总工期为60天，每台调相机检修时间为45天。面对交叉的30天检修任务重，为保障直流系统投运后的系统稳定性，古泉站提前制定详细方案，严格落实到岗到位，优化检修项目安排，确保调相机检修、消缺及试验项目顺利完成。当前，1号调相机已进入验收阶段；2号调相机也在11月5日完成关键工序－回穿转子工作。

而且

古泉站作为进博会特级保电单位，提前谋划、多措并举，以高度的责任感和使命感全力投入到保电工作当中，建立完善保电组织体系和工作机制，确保"进博会"召开期间电网安全稳定运行。

01　细化落实进博会"保电"工作，严格执行保电工作要求

02　加强电网设备运维保障，及时排查清除设备隐患

03　做好事故预想，提高事故处理和应急能力

04　开展保供电特巡工作，保证设备稳定健康运行

图 H15　安徽省检·古泉首检㉗

【安徽省检·古泉首检㉘】顺利完成2号调相机穿装工作

国网安徽检修公司　前天

11月5日

在古泉站调相机室的4.5米主厂房运转层上，经过4个多小时的严密施工、通力配合，净重为55吨，长13.39米的2号调相机转子回穿工作顺利完成。这是继10月20日，古泉换流站2×300兆乏调相机工程1号调相机转子回装顺利完成之后，安徽电网首个调相机工程年度检修又一重要节点圆满完成。

古泉换流站新一代300Mvar调相机组

目前世界上容量最大、具备双向快速调节能力的无功补偿装置，"动态特性好、安全可靠性高、运行维护方便"是其最显著特点，能降低换流站连续换相失败的风险，可提供有效的动态无功电压支撑，降低电压波动带来的影响，保障直流的安全稳定运行。

转子回装工作是每台调相机年度检修最后一个关键环节，为四级风险作业。为保障现场安全，古泉站提前组织现场项目部做了充分准备，组织施工单位、设备厂家制定专项方案，从技术、安全交底入手，针对调相机主机年度检修复杂的全过程进行数字化建模视频交底，对关键环节和危险点用视频直观、生动的予以介绍和警示。

回装前

组织监理、电科院、施工方按照标准验收卡，对所修项目、试验数据、定转子本体逐项进行检查验收，并对行车、吊装工具进行仔细的检查，对发电机定子、转子进行细致的清理除锈，确保无杂物遗留和灰尘污染。

吊装时

安排专人指挥，各级责任人旁站监督，检修人员密切配合、有条不紊，不断调整转子的穿入量和中心位置，整个穿装过程平稳顺利，未出现碰撞、刮伤现象。随着一道道指令、一声声鸣笛，转子以行车为支撑在电动倒链的牵引下一点一点地缓缓向定子膛内穿行，最终稳稳的进入定子膛内。

据检修现场项目负责人介绍，2号调相机转子回穿的顺利完成，标志着古泉站调相机年度检修向前迈进了一大步，为接下来调相机如期完成检修送电奠定了坚实的基础。

图 H16　安徽省检·古泉首检㉘

图 H17　安徽省检·古泉青年